インターネットの光と影 Ver.7

情報教育学研究会（IEC）・
情報倫理教育研究グループ 編

北大路書房

はしがき

「インターネット」は身近でとても便利なメディアとなってきました。メールで多くの人と同時にコミュニケーションできたり，Webで簡単に情報検索やショッピングができたり，個人のWebページを作成して世界へ情報発信できたり……などなど，便利さはあげきれないほどです。最近では，スマートフォンやSNSの登場によりいっそう便利になり，この利便性は，私たちの生活を大いに豊かにしていってくれています（**「光」の部分**）。

便利である反面，危険なこともたくさんあります（**「影」の部分**）。たとえば，ネットワーク上でのショッピングのトラブル，個人情報の漏えいやさまざまな詐欺事件が頻繁に報じられています。読者の多くの方もすでにご存じのことでしょう。また，きわだったトラブルといわずとも，一度も会ったことのない人と匿名でコミュニケーションするとき，互いに攻撃的になってしまったり，ときに無責任な情報のやりとりをしてしまったり，思わぬことで他者に迷惑をかけてしまった，というようなことはなかったでしょうか？

小学生の子どもに初めて公園で自転車の乗り方を教え，フラフラしながらもなんとか乗れるようになりました。さあ，もう街路を走らせていいものでしょうか。それが危険であることを誰もが知っています。この危険性は，運転技術が未熟であるということではないのです。交通法規やマナーなどを知らずに運転すること，そしてそのことが引き起こす事故の重大さ（危険性）を意味します。このことは，私たちにとって常識です。私たちは，自転車の利便性（「光」の部分，というと大げさですが）と同時に，その危険性（「影」の部分，といってもこちらは大げさではないでしょう）についてよく知ったうえで運転する必要があります。

さて，ことインターネットを利用する場合はどうでしょう？　実は同じことなのです。インターネットをうまく乗りこなすためには，操作の知識・技術だけでは足りません。その利便性と危険性（**インターネットの「光」と「影」**）についてよくよく知っておくことが何よりも大切なのです。

最近，「情報教育」の必要性というキーワードに混じって「情報倫理」教育の必要性が叫ばれています。ただしこの「情報倫理」という言葉は，まだ一般になじみの薄い言葉かもしれません。「倫理」を辞書でひいてみると，‘人のみち，規範，道徳’ などとあります。たとえば，医療倫理とは，「〈医療に携わる者〉の規範，道徳，あるいはその基準」ということになります。つまり，〈医療に携わる者〉（ある種医療の専門家＝プロ）に求められる倫理といえましょう。

では，「情報倫理」の場合，「医療倫理」と同じように〈情報技術に携わる人〉（あるいは，新聞や放送などのメディアに携わる人，ある種の情報専門家＝プロ）に限定された倫理という理解でよいでしょうか？　情報倫理の場合はそうではないのです。この倫理が求められるのは，プロの人だけでなく，ふつうの一般市民を含んでいるというところに大きな特徴があります。インターネットが一般に普及した現在，もはや情報社会に生きるすべての生活者にとって必要とされる倫理なのです。「私は情報については〈しろうと〉だから」と言っていてはすまないのです。

本書でいう「情報倫理」について，ここで簡単に定義しておきます。それは，「インターネット社会（あるいは，情報社会）において，生活者がネットワークを利用して，互いに快適な生活をおくるための規範や規律」ということです。ここで，情報倫理を学ぶ意味がはっきりしてきます。インターネットの「光」の部分と，現実に起こっている「影」の部分を十分理解し，被害者にならないようにすること，さらに他者への配慮を行い，加害者にならないようにするための学習です。そして，「健全な情報社会をめざした情報倫理の入門書」が本書の意義なのです。私たち筆者の所属する情報教育学研究会（IEC）*[1]は，情報教育についてさまざまな側面から実践的な調査・研究を進めてきました。さらに近年は「情報倫理」教育の重要性を痛感し，この点についての調査・研究にも力を注いできました。これらの成果を，より多くのインターネットユーザの方々にわかりやすく伝えていこうと考え，本書を企画したしだいです。情報社会で生きていくために必要な知識とマナーなど，「情報倫理」に関連する事項を生活者の視点からまとめました。

●Ver.7の改訂にあたって

前回の改訂（Ver. 6, 2018年）から，情報教育を取り巻く環境は大きく変わり，社会も変化してきました。学習指導要領の改訂（小・中学校2017年３月，高等学校2018年３月に告示）に伴い，小学校では，2020年からプログラミング教育が実施され，高等学校では，2022年から共通教科情報科の「情報Ⅰ」が必履修科目となり，その後，大学入学共通テストの出題科目にも「情報Ⅰ」が追加されています。また，新型コロナウイルス感染症（2020年以降）の影響もあり，GIGAスクール構想やICT教育が加速され，小学校から高等学校まで１人１台端末の環境で，教育が行われています。

このような状況の中で，従来以上，児童・生徒・学生に主体的・自律的な学習が求められています。そこで，今回の改訂にあたり，本書の副題「被害者・加害者にならないための情報倫理入門」を，「～ないための」という否定的な観点から，より積極的な意味を込めて，「健全な情報社会をめざした情報倫理入門」としました。

このことは，Ver. 6のはしがき（本書の構成）において触れていること『本書の内容は，ネットワーク社会で「～してはいけません」というような項目だけを取り上げているのではありません。（以下省略）』とも関連します。また，より深く掘り下げるために，２ページの項目を減らし４ページの項目を増やし，情報技術の発展に伴う新しい内容も入れています。

●本書の構成

序章では，インターネットと情報倫理を考えるうえで必要な「情報」というものの性質についてふれています。第１章～第８章は，個人情報，知的財産権，生活，ビジネス，教育，コミュニケーション，犯罪，セキュリティのそれぞれの分野にわたり，インターネットの「光」や「影」に関して，最低限必要な事項や事例を解説しています。各項目とも２～６ページ単位にまとめて読みやすくし，演習問題や参考URLも載せて，より深い理解ができるように編集しています。終章では，複合的な問題や実際に社会で起こった問題などについて具体的な対策を示しながら，健全なネットワーク社会を作るための考え方について述べています。

本書は，時代の流れに対応するために度重なる改訂を行い，読者のみなさんにできるだけ最新の情報を提供できるようにつとめてきました。Ver. 4（2010年）では，ブログ，プロフ，SNS，携帯電話・PHSに関連する内容，および情報関連の法律などの内容を追加しました。フィルタリング，出会い系サイト，ネットいじめの問題についても，より深く取り扱いました。Ver. 5（2014年）では，新しい項目を増やすとともに，スマートフォンやソーシャルメディアの記述も増やしました。Ver. 6（2018年）では，AI，IoTなど新たな情報技術にかかわることも登場してきましたので，「情報社会の現在と将来」という項目を設けて言及しました。また，ソーシャルメディアに関する内容や情報関連の法律についても，新しい項目の追加や内容の補足をしました。

今回の改訂（Ver. 7）では，Society 5.0 やファクトチェック，フィルターバブルやエコーチェンバーなど新しい内容を入れています。また，先にも述べたとおり，電子マネーとネットバンキング，教育の情報化など 4 ページの項目を増やしています。

●本書の読者対象

本書では，情報倫理に関連する分野について新しい事例も追加して，広範囲にわかりやすく解説することにつとめました。高校生，専門学校生，大学生，そして社会人の方それぞれに読んでいただけることと思います。

高等学校での共通教科情報科や「総合的な学習の時間」の情報モラルの育成の参考書や指導書として，専門学校・短大・大学では，「情報倫理」や「情報リテラシー」関連教科の教科書として，社会人の方々には，インターネット理解のための教養書として利用できる書物です。

限られたページでコンパクトにまとめたため，説明が手薄になった部分は，各項目の末尾に参考URLを掲載して補充するようにしました。また，追加の練習問題，参考・関連Webサイトなどの情報は，情報教育学研究会（IEC）の情報倫理教育研究グループのWebページ*[2]に載せています。

最後に，本書のイラストは，イラストレータの金田昌裕氏にお願いしました。

また，初版（2000年）当時より，文体など不統一な原稿に目を通していただき，本書を読みやすくするために適切なコメントをいただいた北大路書房の奥野浩之氏に感謝します。

2024年11月

情報教育学研究会（IEC）
情報倫理教育研究グループ顧問　高橋　参吉

＊1　情報教育学研究会（IEC）https://www.iec-ken.jp/
＊2　情報倫理教育研究グループ　https://www.iec-ken.jp/rinri/
本書の練習問題（50問用）の解答・解説，さらに50問追加した練習問題（100問用）の解答・解説，本書の演習問題の解説，授業用PowerPoint，参考URL一覧表などは，本書（Ver.7）を講義用テキストとしてご採用いただいた教員の方へのサービスとして提供するものです（このサービスは，予告なく変更する場合があります）。

インターネットの

光　と　影

光		影
	1. 個人情報	個人情報の漏えい プライバシー侵害 名誉毀損 誹謗中傷
	2. 知的財産権	知的財産権の侵害
情報検索 情報端末としてのスマートフォン GPS 人工知能（AI） 電子自治体・電子政府 電子図書館・電子美術館・電子博物館 電子書籍 電子医療 情報バリアフリー ユニバーサルデザイン 生成AI	3. 生活	個人情報の漏えい 知的財産権の侵害 情報洪水 ネット依存 フィルターバブル エコーチェンバー
電子商取引 インターネットオークション インターネット広告 インターネットバンキング インターネットショッピング 電子マネー テレワーク	4. ビジネス	売買トラブル マルチ商法・ネズミ講 悪徳・悪質商法 詐欺・雲隠れ
教育の情報化 遠隔教育 生涯学習 eラーニング 教育データベース	5. 教育	情報インフラの不備 リテラシー教育の不足 有害情報 ネット依存 ネットいじめ
電子メール メーリングリスト 電子掲示板 Webページ 携帯電話・スマートフォン ブログ SNS・ソーシャルメディア 遠隔コミュニケーション	6. コミュニケーション	モラルやマナーの欠如 ネチケットの欠如 チェーンメール デマ情報
	7. 犯罪	サイバー犯罪 不正アクセス なりすまし 違法物販売 ネット詐欺 出会い系サイト
	8. セキュリティ	パスワードの盗難・共有 コンピュータウイルス スパイウェア 情報の改ざん

規制	技術	倫理
個人情報保護法,著作権法 不正アクセス禁止法 特定商取引法 迷惑メール規制法 情報流通プラットフォーム対処法 電子消費者契約法	暗号 電子署名 電子透かし 電子認証 電子公証 フィルタリング	情報リテラシー ICTリテラシー メディアリテラシー モラル・マナー ネチケット 情報倫理

本書で取り扱ったおもな内容の一覧

目　次

序章
インターネットと情報社会

インターネットは，私たちの社会に浸透して生活を変化させ，さまざまな恩恵をもたらしています。一方，情報社会の進展により，個人と個人，個人と社会との間に新たな問題が生じ，これまでの考え方では対処することがむずかしい問題も発生しています。

インターネットがもたらす利便性を受けつつ，人と人との豊かなコミュニケーションを発展させるために，私たちは情報社会が抱える問題点にも注意を払う必要があります。

この章では，インターネットの便利な点である「光」の部分とインターネットの危険な点である「影」の部分について概観します。そして，情報倫理を考えるうえで大切な情報そのものの特性，メディアの特性とリテラシー，そして将来の情報社会について考えていきます。

0.1 インターネットの光と影

インターネットの登場と広がり

インターネットは，コンピュータネットワークを相互に結ぶ世界規模の汎用性の高いネットワークです。インターネットは，今や，経済活動はもとより，教育，文化，医療・福祉のほか，日常生活のさまざまな場面で利用され，情報社会を支える基盤としての役割を果たしています。

日本では，1993年にインターネットの商用での接続サービスが始まると，職場や家庭でのパソコンの普及，携帯電話やスマートフォンの普及に伴って，急速に利用が増加し，現在では大多数の国民がインターネットを利用しています。

インターネットの普及で，個人のメディアの利用やコミュニケーションに大きな変化が生じています。20世紀の半ば，個人とメディアとの関係は，新聞・ラジオからテレビに移行しましたが，現在では，テレビからインターネットへの移行が進んでいます。また，国内のSNSの利用者は１億人を超えており*1，遠隔・非同期でのコミュニケーションの機会がずいぶん増えてきました。

インターネットは人々の生活を豊かにしています。インターネットをうまく利用するには，インターネットで集められる世界中の情報や，テレビ・雑誌・新聞などから絶え間なく入ってくる多様な情報の中から，本当に必要なものや信頼できる情報を見きわめる能力が求められます。さらに，目的に応じてさまざまなメディアをうまく使い分ける能力も必要です。

インターネットは，個人の自由な利用を最大限認めることを基盤にして発達してきました。したがって，個人の倫理意識がそのまま反映されるメディアでもあります。インターネットがもたらす豊かな生活を享受するために，私たちはインターネットを正しく活用するための知識と技能を身につけ，インターネットがもたらす問題点を克服する姿勢を持たなければなりません。情報社会の未来は，インターネットにアクセスしている一人ひとりの情報倫理にかかわる知識や意識，行動にかかっているといえます。

インターネットの「光」の部分

ICT（Information and Communication Technology，情報通信技術）の発達で，パソコンやスマートフォンなどの情報通信端末からインターネットを使って，世界中のどこにでも，好きな時に個人で情報を受信したり発信したりすることができます。コンピュータやスマートフォンだけでなく，自動車，家電，ロボット，各種センサーなどあらゆるモノがインターネットにつながり，データを送受信するIoT（Internet of Things）の世界が広がっています。IoTで収集される多様で大量のデータ（ビックデータ）を蓄積し，高機能のコンピュータを用いて高速に処理し，AI（人工知能）の技術によって目的に応じて有用な情報を導出することができるようになりました。また，生成AIの進化も目覚ましく，問い合わせ（プロンプト）に応じて，AIが対話的に回答したり，計算結果やプログラムを提示したり，音楽や映像を即座に生成したりすることができるようになりました。

IoTとAIの技術の発達は，病気の診断，新薬の開発，気象の予測，災害の予知や防止，介護や見守りなど，私たちの命を守り，安心・安全な社会づくりに寄与します。さらに，各産業において，DX（デジタル・トランスフォーメーション）が進められています。ICTを活用して業務の自動化や効率化を加速させるだけでなく，業務プロセスやビジネスモデルを変革することで生産性が飛躍的に高まり，付加価値の高い新しいサービスが次々と誕生しています。

通信衛星や海底通信ケーブルを使用して，24時間絶えず情報が世界中を駆け巡っています。為替や株などの金融取引もインターネットを通じて行われています。インターネットを通じて決済や送金，資産管理，融資，取引データの分散管理などフィンテックと呼ばれる金融サービスが広がりを見せるなど，グローバルな経済活動はインターネットの利用でさらに加速化しています。私たちの日常生活においても，インターネットショッピングや電子マネーの利用拡大など，インターネットは欠かせないものとなっています。

インターネットの「影」の部分

インターネットは，私たちに利便性と可能性をもたらす一方，さまざまな問題を抱えていることも事実です。インターネットショッピングやオークション等での詐欺や悪質商法，誹謗中傷や名誉毀損，迷惑メール，違法・有害サイト，不正アクセスによる情報の流出や改ざん，コンピュータウイルスによる被害など，インターネットの利用過程で起きる事件があとを絶ちません。

サイバー犯罪（ICTを利用した犯罪）に関する検挙件数は，平成15年（2003年）から令和４年までの20年間で，約6.7倍に増加*2しています（図０-１）。インターネットを悪用した詐欺被害，違法な商品の売買，個人情報の流出によるストーカー行為，不正コピーなどによる著作権の侵害などの犯罪が増加しています。また，ソーシャルメディアによるいじめ問題や，コミュニティサイトを介した犯罪，自殺の勧誘や暴力を助長するWebサイトの存在なども問題になっています。サイバー犯罪やこれらの問題を防止するためには，法律や規則の整備，技術的な対策とともに，私たち自身が情報セキュリティを守る意識を高めるなど，総合的な対策が求められています。

デジタル化した情報を収集・閲覧・発信する情報手段を持つものと持たないものとの間の情報格差（デジタル・デバイド）が生じると，社会生活を送るうえで必要な情報を入手できないなど，経済的な不利益を被ることもあります。この情報格差を解消するには，国や行政の対策が必要であるとともに，一人ひとりが，情報活用能力（序章コラム参照）をつけて情報社会を主体的に生きて

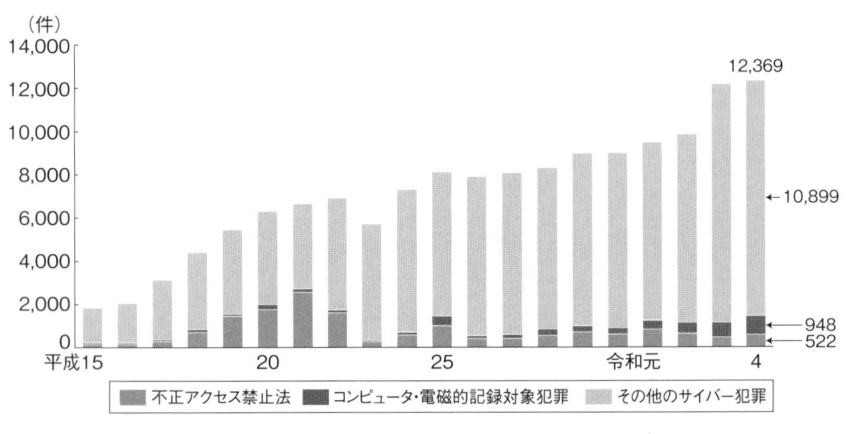

図０-１　サイバー犯罪に関する検挙件数の推移*2

いこうとすることが大切です。

インターネット社会を生きるために

このように，インターネットは，私たちの生活を豊かにする「光」の側面と，さまざまなトラブルや犯罪を誘因する「影」の側面があり，まさに諸刃の剣といえるでしょう。このような問題を解決するために，私たちはどのように対処すればよいのでしょうか。大まかにいえば，3つの方法が考えられます。

一つは技術的な解決方法です。たとえば，インターネットの利用が拡大する一方，外部のコンピュータに侵入して，システムを破壊したり，コンピュータウイルスを感染させたり，情報を改ざんするなどの事件が増えてきています。また，個人情報の漏えいなどの問題も起きているため，対策を講じるところが増えてきています。このような反社会的行為に対するセキュリティ対策が必要であり，認証や情報の暗号化など，情報技術の開発と実用が求められています。

次に，このような諸問題に対して，世界的な取り決めや国や自治体による法制度で規制をかけることも必要です。関連する企業が協力して，自主的にガイドラインを策定して，一定の解決をめざす方法も考えられます。

さらに，情報社会を主体的に生きるために，私たち自身が生活者の立場でこれらの問題に対して関心を持ち，情報倫理の視点を持って克服することが大切になってきます。インターネットの影の部分を解決するには，まず，どのような問題が起きているのかを私たち自身が知り，具体的に問題点を掘り起こしながら，解決に向けての道筋を考えて実践していくことが必要なのです。

1）最近の出来事で，インターネットに関する内容をいくつか調べ，要約して表に分類してみましょう。

■参考URL

＊1　https://www.soumu.go.jp/johotsusintokei/whitepaper/r06.html　総務省：令和６年版情報通信白書

＊2　https://hakusyo1.moj.go.jp/jp/70/nfm/mokuji.html　法務省：令和５年版犯罪白書

＊　https://www.iajapan.org/　一般財団法人インターネット協会

0.2 情報の意味と特性

情報は意味を持っている

情報とは何かという問題を考えてみます。

私たちが本を購入するとき，本の紙が欲しくて買うのではありません。その紙に印刷された文字や画像などから伝えられる「意味を持つことがら（著者が伝えたいことがら）」を得るために本を購入するのです。この「意味を持つことがら」が情報であり，その情報に価値を認める場合にお金を支払って購入します。情報は「意味を持つことがら」ですから，たんなる文字や記号，数値の羅列などのデータは情報とはいえません。文字や記号などを組み合わせ，意味を持つコンテンツに創り上げてはじめて情報となります。

音楽や映像でも同様です。音や画像を組み合わせてコンテンツを制作し，音楽・映像配信サービスを通じて配信します。このコンテンツが情報です。そして，その情報を記録したり配信したりして，私たちに届ける役割を果たすものやシステムは「メディア」と考えることができます。本，新聞，ラジオ，テレビ，インターネットなどは，情報を伝達するメディアです。

情報の特性

私たちは，情報に満ちた社会の中で生活をしています。情報社会を主体的に生きるには，情報というものをどのようにとらえ，向き合えばよいのか，それを考えてみることはたいへん重要です。そのために，まず情報の特性を考えてみることにします。情報の特性を情報社会の観点で考えると，次の (1)～(6) に示すような特性と，その特性に起因する注意点が浮かびあがってきます。

(1) 情報は受け取る人が存在する（受信者の存在）

情報には，情報を創り発信する人（発信者）とともに，情報を受信し活用する人（受信者）が存在します。送り手から出された情報を，受け手が受け取ることによって，はじめて情報の意味が生じます。

したがって，情報を発信する場合，受け手の存在を意識し，配慮して発信する必要があります。また，自分が発信した情報は，予期できない第三者によって受け取られる可能性があることも意識しましょう。

(2) 情報の受信・発信には意図が伴う（意図の介在）

情報は，ある意図を持って創造され発信されます。また，ある意図を持って受信され利用されます。情報を発信する場合も受信する場合も，なんらかの意図が介在しています。

したがって，情報の発信者は，情報発信の意図が明確にわかるように工夫することが大切です。また，情報の受信者は，発信者の意図を理解しようとする努力が必要です。悪意に満ちた情報もあります。発信者の意図を理解できず，発信者の罠にはまって不利益を被ることも考えられます。

(3) 情報の価値は人それぞれ（情報の個別性）

情報の価値は，受信者によって異なります。情報を受け取る人の状況や目的，価値観によって，役立つ情報に成り得るか否かが決まるということです。ある人には非常に価値のある情報でも，別の人にとっては，まったく価値のない情報である場合が多いのです。

たとえば，情報を発信する場合，発信者の価値観のみで判断して，気に入った情報（テキスト，画像，映像など）をグループ全体に流すといった行為は避けるべきです。情報の個別性を考慮した情報発信のモラルが求められます。

(4) 一度生じた情報は消えない（情報の残存性）

知っている情報を，誰かに教えたとしても，自分の中の情報が減少したり，変化したり，消滅したりしません。持っている物（物質）は，相手に渡すと自分の手元には残りませんが，情報は，相手に渡してももとの情報は残ります。

したがって，情報を不正にコピーしても，罪の意識を持ちにくい傾向があります。この情報の残存性が，著作権を保護するモラルの形成を困難にしているとも考えられます。また，一度生じた情報は消えないため，個人情報の流出や風評が起きないように十分注意を払う必要があります。

(5) 大量の複製が容易にできる（情報の複製性）

実際の物質とは異なり，情報は，複製して同一のものを創り出すことが容易です。特に，情報がデジタル化されることによって，この情報の複製が容易に，短時間で大量にできるようになりました。

したがって，他者が苦労して創った著作物を，無断で複製して利用するような著作権を侵害する行為が起こりやすいのです。また，どこかで個人情報が漏れると，次々とコピーされ，被害が拡大していくという事態が起きます。

(6) 情報はすぐに広がる（情報の伝播性）

情報の伝播性とは，情報は人々の間を容易に伝播して，広められていく特性をいいます。この伝播性を悪用して，マルチ商法やコンピュータウイルスなどのインターネット犯罪や，デマ情報やフェイクニュース，ネットいじめ，炎上などの社会的な問題が拡大していく傾向にあります。

時間変更のメール

太郎君たちは，日曜日の午後に友人と花見に行く計画を立て，午後２時に駅に集合するようにしました。ところがその後，テレビの天気予報で日曜日は昼から雨が降ることがわかりました。幹事の太郎君は午前中に花見をすませることを考え，参加者に対して，午前10時に駅ではなく現地に集合するように変更の連絡メールを送りました。太郎君は，翌朝みんなが集まるかどうか不安です。変更した情報が正確に伝わらない場合，どのような原因が考えられるのか，前述した(1)～(6)の情報の特性にそって吟味してみましょう。

まず，花見に行く友人たちが変更のメールを受信してくれているかが最も大きな問題です。これは「(1)受信者の存在」に関わる問題です。つまり，変更の情報を流すことと，相手に伝わることは別ですから，相手に直接確認したり，変更の情報を受け取ったことを返信するように依頼しておく必要があります。

また,「(4)情報の残存性」も問題です。変更前の情報（午後２時に駅に集合）は，情報を変更したあとも友人たちの頭の中には残ります。したがって，変更前の情報に惑わされてまちがう可能性もあります。たとえば，時間だけ変更して場所をまちがえ，午前10時に駅に集合する友人がいるかもしれません。

私たちは，情報の特性を理解し，情報の発信・受信に内在する問題点を取り除く必要があります。情報の特性を理解することによって，相手に情報を正確に伝達するための知恵を自分のものにすることができます。

1）インターネットに関わって問題となっている事件をいくつかあげ，情報の特性の(1)～(6)のどれに起因するものかを考えてみましょう。

■参考URL

＊　https://www.iajapan.org/hotline/inews/inews.html　インターネットホットライン連絡協議会：インターネット関連News

0.3 メディアの特性とリテラシー

メディアとリテラシー

メディアとは，情報の伝達を行う媒体のことです。情報の伝達を紙面によって行う新聞や雑誌,電波によって行うテレビやラジオがあります。インターネットを用いるWebページ，電子メール，SNSなども重要なメディアとなっています。リテラシーとは，もともと読み書きのための識字能力のことですが，情報教育では「情報を活用するための基礎的な知識や技能」をさしています。情報リテラシー，ICTリテラシー，メディアリテラシーなどさまざまな表現があります。メディアリテラシーという語は，国や地域，研究者によっても少しずつ違った定義がされていますが，情報の読み取り方を身につけるという意味でメディアリテラシーはたいへん重要です*1。

メディアによる情報の変形

情報をあるメディアを用いて伝達するとき，情報はメディアに適した形式に変形されます（自然にそうなる場合も故意の場合もあります)。そのため，情報の受信者は伝達前の情報と違った意味内容に受け取ってしまうことがあります。本当の意味を正しく理解するためには，メディアの特性を考慮して，伝達前の本当の情報内容を読み解く能力が必要です。本書では，この能力をメディアリテラシーといいます。

ここで，たとえ話をしましょう。図0-2のように，ある人が丸い荷物を送るのに，少し小さめの四角い箱を使ったとします。目的地に届いたとき，その荷物は変形してしまっていました。このままでは受け取った人は荷物がもともと四角いものだったと誤解してしまいます。このときの荷物は情報を，箱はメディアを，箱の形はメディアの特性を表現しています。誤解をしないためには，箱の形（メディアの特性）を理解して，送られる前の本当の荷物（情報）を読み解く能力が必要ですが，それがメディアリテラシーです。

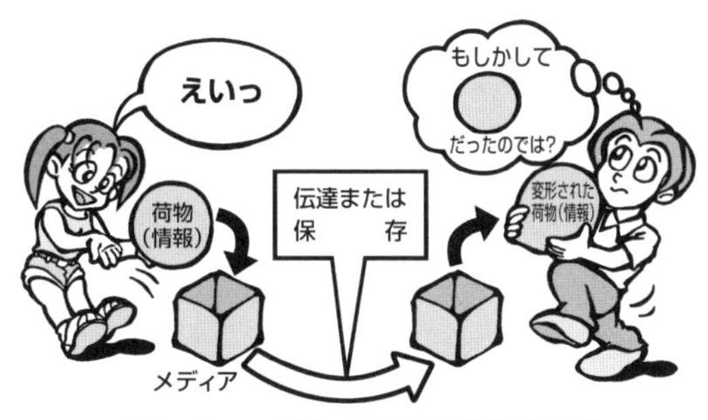

図0-2　メディアによる情報の変形

偽情報と誤情報

インターネット上の情報には，人を混乱させ惑わすために意図的・意識的に作られた虚偽の情報である「偽情報」や，勘違いや誤解により拡散されたまちがった情報である「誤情報」が拡散される場合があります。たとえば，地震や津波，大雨などの自然災害が発生した時など，緊急を要すると感じられる状況では，偽情報や誤情報が拡散しやすく，避難や救助の妨げになる場合もあります。

偽情報や誤情報が拡散する要因としては，意外性や新奇性があり，つい誰かに知らせたくなるような情報や，人の善意や感情に訴えかけるような情報の場合，共感を生み，情報の真偽の確認を取らずに発信してしまいがちであると言われています。

インターネットに，偽の情報を投稿したり，その情報を拡散させたりした場合，偽計業務妨害や詐欺の罪に問われる場合があります。過去に起きた地震の際，ライオンが動物園から逃げ出したという偽のメッセージと写真がSNSに掲載された事件では，動物園や警察などに問い合わせが殺到し，投稿者は偽計業務妨害の容疑で逮捕されています。

ファクトチェックの必要性

偽情報や誤情報に騙されないためには，どのような方法があるでしょうか。私たちは，どのような状況でも，発信されている情報に対して次のような観点で，その情報が真実であるかどうかファクトチェックを行う必要があります。

(1)　情報源はあるか

　　－もとになる情報は存在するか，その情報は信頼できるか

(2) 発信者はその分野の専門家か

　－発信者は経歴やこれまでの発言から信頼できる人物か

(3) どのような意図で発信しているか

　－発信者は誰に対して，どのような意図で発信していると考えられるか

(4) 事実のすべてを含んだ情報か

　－事実の一部だけを切り取ったり，都合よく編集したりしていないか

(5) 信頼できるメディアや組織からの発信か

　－発信しているメディアや組織の利害と関係する情報ではないか

(6) 他のメディアはその事実をどのように発信しているか

　－他のメディアでもそのことについて発信しているか，内容に違いはあるか

また，画像，音声，映像の情報についても，同様の方法でファクトチェックを行う必要があります。近年，生成AIが普及して，誰でも簡単に利用できるようになりました。本物や事実と見分けがつかないほど精巧に作られた文章，画像，映像は，ディープフェイクと呼ばれ，真偽の判断がたいへんむずかしくなっています。(1)～(6) の方法で，ファクトチェックをさらに慎重に行う必要があります。

フィルターバブル

私たちは，インターネット上にある多種多様で大量の情報に囲まれて生活しています。日々の生活の中で，インターネットで気になる情報を検索して調べ，欲しいものを検索して購入し，好きなコンテンツを検索して視聴しています。このようなインターネットの利用が続くと，検索や閲覧の履歴，購入の履歴などから，利用者が求める情報を優先して提示したり，推薦したりするようになります。そうすると，インターネット上には，多様な情報が存在しますが，実際には，フィルターを通して自分の好きな情報だけを使って生活するような状態に陥ります。このように，好きで興味がある情報だけを取り入れ，そうでない情報を結果的に排除し，好ましい情報に取り囲まれた泡の中で生活するような状況をフィルターバブルといいます。

また，SNSなどのソーシャルメディアでは，自分の考えや興味・関心に近い利用者が集まってグループを形成し，その中で情報を交換することが多くなっ

ています。そのようなグループでは，世の中の出来事に対する考え方や意見が近いため，グループ内で誰かが賛成の意見を述べると，それに賛同する意見が戻ってくるし，反対の意見を述べると同様に反対の意見が戻ってくることが多くなります。これは，小部屋（チェンバー）の中で声を出すと，同じ声が反響（エコー）して戻ってくる現象に似ていることから，エコーチェンバー現象と呼ばれています。

情報の分断を乗り越えて

エコーチェンバーの中で過ごしていると，自分やグループの考え方以外はない，あるいは，異なる考え方に耳を傾けようとしなくなり，自分やグループの考え方に凝り固まってしまいます。不寛容になり分断と偏見を生じやすくなります。そのような状況に陥らないようにするためには，あえて，自分の好みではないバブルの外の情報にも触れてみたり，異なる考えを持つ人たちと意見を交わす機会を持ってみたりして，多様な情報に接するよう努めることが求められます。

インターネット上には，世界中の利用者が長い時間をかけて積み上げてきた多様で膨大な知識や知恵が蓄積されています。また，インターネットは，多様な文化や歴史を背景にした人たちと，容易に交流することができる道具でもあります。私たちが，情報の往来をむずかしくしているバブルの殻を破り，多様な情報に触れて新たな視点や価値観を持てるようになること，これもインターネットを活用するための大切なリテラシーです。

1）同じ出来事を取り上げた複数の新聞や報道ニュース番組の内容を比較し，違いがあるか調べてみましょう。

■参考URL

＊1　https://www.nier.go.jp/kankou_kiyou/kiyou132-all.pdf　国立教育政策研究所：メディア・リテラシーの総合的研究

＊　https://www.gov-online.go.jp/article/202403/entry-5920.html　政府広報オンライン：インターネット上の偽情報や誤情報にご注意！

0.4 情報技術と情報社会

Society 5.0

国の第5期科学技術基本計画（2016～2020年）において，これから実現を目指す社会として「Society 5.0」が提唱されました*1。Society 5.0は，「サイバー空間とフィジカル空間を高度に融合させたシステムにより，経済発展と社会的課題の解決を両立する人間中心の社会」であり，狩猟社会（Society 1.0），農耕社会（Society 2.0），工業社会（Society 3.0），情報社会（Society 4.0）の次の新たな社会の姿です。

情報技術による課題解決

Society 5.0を実現するために期待されている情報技術が，IoTとAIです。IoTの技術で，人や社会，自然環境から多様なデータを大量に収集・蓄積し，AIの技術で，蓄積したビッグデータを利用することによって，現実世界の課題解決に役立つ付加価値の高い情報やサービスを創出できるようになりました。

たとえば，音声認識や画像・動画認識，言語認識，ニーズ予測，マッチング，作業の自動化など，人間の知的な活動の一部を実現するAI（人工知能）が実用化されています。作文や作画，作曲，翻訳，プログラミングなど，人間の高度な知的活動を代替する生成AIの技術も実用化され，課題解決に応用されています。

このような情報技術を用いて，車の自動走行，AIによる病気の診断や診療の高度化，VR（仮想現実），AR（拡張現実），MR（複合現実）などの技術を用いた娯楽，販売，案内，現場作業の質向上，空中撮影や荷物の自動配達などで注目されるドローン技術など，革新的なデバイスの開発や環境を実現するサービスが提供されつつあります。さらに，案内，清掃，介護の現場などで活躍するサービスロボット，5G以上の超高速通信の実現，新しいSNSの登場，自動車のシェアリングエコノミーなど，続々と新しいサービスが誕生しています。

このように，IoTやAI，ロボットなどの情報技術は，工業や農業における生産性の向上や，販売，物流，交通などのサービス分野でのイノベーションだけでなく，医療・福祉，教育，セキュリティ，災害の予知・防止，過疎地での生活支援など，私たち一人ひとりの暮らしを支え，幸せの実現（Well-being）に寄与しています。

AIが創出する未来

このように，IoTやAIによるイノベーションや，新しいデバイスやサービスの誕生は，新たな労働の形態や雇用を生み出しています。また，少子高齢化で労働人口の減少が問題となり，子育てや介護での在宅勤務や労働時間の短縮が求められる状況において，情報技術による労働の支援や代替はこれらの問題を解決する有効な手段であるといえます。

AIやロボット等の利用の拡大，新しいサービスの登場などに伴って雇用が創出される一方，業務の効率化や生産性の向上が図られ，人の雇用が奪われたり，イノベーションにより古い職業がなくなったりするケースも加速するでしょう。つまり，失われる仕事から創出される仕事への移行がうまくいかなくなると，経済の混乱や格差が拡大する可能性があります。このように，AIをはじめとする情報技術の進展に伴って生じる未来の労働と雇用の変化については，「光」と「影」が複雑に交錯しています。

法律でAIを規制する動きも出てきています。欧州連合（EU）では，EU内でAIの安全性や基本的人権を保護しつつイノベーションを推進する目的でAI規制法*2（AIの包括的枠組み規則案）を2024年に成立させ，2026年８月から全面施行する予定です。AIなどの情報技術がもたらす「光」をどのように活かして享受していくか，議論を重ねて未来に備える必要があります。

1）情報技術の利用により，あなたの生活が変化したことについて「光」と「影」の観点で考えてみましょう。

■参考URL

＊1　https://www8.cao.go.jp/cstp/society5_0/　内閣府：Society 5.0

＊2　https://data.consilium.europa.eu/doc/document/PE-24-2024-INIT/en/pdf　欧州連合：AIの包括的枠組み規則案

デジタル・シティズンシップ

情報社会で求められる能力の一つに，デジタル・シティズンシップがあります。デジタル・シティズンシップとは，「デジタル技術を上手にかつ積極的に活用することで，オンラインでもオフラインでも，コミュニティに積極的，継続的，かつ責任を持って参加する能力」*[1]のことです。欧州評議会では，このデジタル・シティズンシップは，３つの柱，10の領域から構成されているとしています。

1．オンラインを生きる（Being Online）
アクセスと包摂性，学習と創造性，メディア・情報リテラシー

2．オンラインをよりよく生きる（Well-being Online）
倫理と共感，健康に生活する，オンラインでの充実とコミュニケーション

3．オンラインでの権利（Rights Online）
能動的な参画，権利と責任，プライバシーとセキュリティ，
消費者としての自覚

日本でも，このデジタル・シティズンシップの教育が注目されています。これまでの情報モラル教育のように，「～をしない」というように，情報や情報技術に対する抑制的な見方・考え方をするのではなく，デジタル・シティズンシップ教育では，情報や情報技術を積極的に活用して，情報社会の課題を解決していく能力の育成が求められます。

本書では，情報倫理について「インターネット社会（情報社会）において，生活者がネットワークを利用して，互いに快適な生活をおくるための規範や規律」と定義しています。読者の皆様が，情報社会の「光」を積極的に享受することによって情報活用能力を獲得し，より善く生きることによって，情報社会の「影」（課題）が克服されていくことを期待します。

■参考URL

＊1　https://www.coe.int/en/web/education/digital-citizenship-education　欧州評議会：デジタル・シティズンシップ教育

第1章 インターネットと個人情報

インターネットの普及により，今まで入手が困難であった情報がたやすく手に入るようになりました。それと同時に，従来の新聞やテレビといったメディアでは一部の人たちにしかなし得なかった情報発信が，誰にでも簡単にできるようになりました。

しかし逆に，ひとたびインターネットに流れた情報は，たとえそれを知られたくない人がいても，短時間に不特定多数の人たちに知られることになります。さらに，インターネット上の電子データは保存・流通が容易なため，とりかえしがつかなくなることがあります。そうした問題が起こらないようにしたいものとして「個人情報」があります。

この章では，個人情報とは何かを述べ，現実の社会で起こっている個人情報の漏えいやプライバシー侵害，個人情報の保護について考えていきます。

1.1 個人情報

個人情報の重要性

個人情報とは，生存する個人の情報で，個人を識別できる情報（識別可能情報）のことです。また，単独では個人を識別できない場合でも，他の情報と組み合わせることにより，特定の個人を識別できる情報は，「個人情報」に該当します。基本4情報と呼ばれる，氏名，住所，性別，生年月日のほか，勤務先，電話番号のような，単独もしくは，他の情報と組み合わせることにより個人を特定できる情報は，個人情報です。

このほか，身体の一部の特徴を電子処理するために変換した符号や，番号，記号，符号など特定の個人を識別することができる情報で，公的なサービスを受けるために割り振られたものを「個人識別符号」といいます。

個人識別符号としては，表1-1のような項目があげられます。

表1-1　個人識別符号

身体の一部の特徴を電子処理のために変換した符号	顔認証データ，指紋認証データ，虹彩，声紋，歩行の態様，手指の静脈，掌紋など
サービス利用や書類において利用者ごとに割り振られる符号	パスポート番号，基礎年金番号，運転免許証番号，住民票コード，マイナンバー，保険者番号など

私たちが精神的に豊かで社会的にも有意義な存在であるためには，「情報を発信する権利」や「情報を受信する権利」とともに，「プライバシー権」などに基づく「情報を管理する権利」が保障されなければなりません。個人情報の保護は，まさにそれらの基盤となるものです。私たちはそれを意識して，アンケートなどの氏名や住所欄に記入する場合は個人情報を「流出」させないようにする必要があります。

取扱いに特に配慮が必要な要配慮個人情報

原則として事業者等に収集禁止とされている個人情報には以下のものがあります（JISQ15001，なお，個人情報保護法2条3項にも「要配慮個人情報」として規定されている）。「要配慮個人情報」を取得する場合には，原則として本人の同意が必要です。

①思想，信条，宗教に関する事項

②人種，民族，門地，本籍地（所在都道府県に関する情報を除く），身体・精神障害，犯罪歴の他，社会的差別の原因となるおそれのある事項

③勤労者の団結権，団体交渉およびその他団体行動の行為に関する事項

④集団示威行為（デモ）への参加，請願権の行使，その他の政治的権利の行使に関する事項

⑤保健医療または性生活に関する事項

マイナンバー制度

2013年5月，国民全員に番号をつける「共通番号（マイナンバー）法」（正式名称「行政手続における特定の個人を識別するための番号の利用等に関する法律」）が成立し，2016年から運用が始まっています。これにより，行政機関は各国民の収入，資産，納税，失業給付，年金，医療，生活保護など90以上の項目を番号一つで「照合」することができるようになりました。マイナンバーカードを自身の健康保険証として利用し，保険医療機関において保険資格を確認することも可能になりました。

マイナンバー制度の長所として，行政経費の節約，手続きの簡易化，正確な徴税や社会保障給付といった効果が見込まれています。しかし日本弁護士連合会は「自己情報コントロール権は形骸化するとともに，諸外国において深刻な社会問題になっている大量の情報漏えいや，なりすましなどのプライバシー侵害のリスクは，きわめて高くなる」とプライバシーへの脅威を懸念しています。

1）無料メールアドレスを取得申請したり，Webページで懸賞に応募するために提供してほしいとされている個人情報にはどのようなものがあるか，複数のサイトについて，求められている個人情報項目の一覧を作成し，それが必須のものか任意のものかを考えてみましょう。

■参考URL

＊　https://www.gov-online.go.jp/useful/article/201703/1.html　政府広報オンライン「個人情報保護法」を分かりやすく解説。個人情報の取扱いルールとは？

＊　https://www.digital.go.jp/policies/mynumber　デジタル庁：マイナンバー

1.2 個人情報の漏えい

個人情報の経済的価値

情報社会の経済活動において，私たち「消費者」の個人情報は，販売戦略のための重要な情報源となっています。つまり，個人情報には「経済的価値」があるのです。今日，私たちはポイントカードやクレジットカードを作成する場面で個人情報を提供することが増えてきており，これらの個人情報はデジタル情報として事業者等のコンピュータに蓄積されています。インターネットの登場により，こうしたデジタル情報が迅速に伝達されるようになり，個人情報の流出やプライバシーの侵害を引き起こす危険性が増えてきています。

個人情報の流出と売買

個人情報には経済的価値があるため，本来は個人情報を厳正に管理すべき事業者や行政機関の内部から，顧客の個人情報が盗み出されたり，不正アクセスによりプロバイダから個人情報が流出するケースがあとを絶ちません。また，流出した個人情報が必ずしも売買されるとは限りませんが，個人情報の流出が発生すると，個人の権利を侵害したり，被害を与えてしまう恐れがあります。

(1) 要配慮個人情報の漏えい等

病院を受診した患者の検査情報や診療情報，通院履歴に関する個人情報を記録したUSBメモリが盗難被害にあう

薬の購入履歴と患者の氏名や住所などのリストが盗み出される

(2) 財産的被害のおそれがある漏えい等

インターネットショッピングのために登録したクレジットカード番号や氏名，IDなどが不正アクセスによって盗み出される

インターネットショッピングで購入した商品などの履歴のリストなどが不正アクセスによって盗み出される

会員制ゲームサイトの運営会社が不正アクセスを受け，登録しているポイントなどのデータが消失

(3) 不正な目的で利用される可能性がある漏えい等

飲食店を利用した客の氏名や住所，利用金額などの顧客データを元従業員が不正に社外に持ち出す

子ども向けイベントの運営会社から，チラシ配布などを委託されていた会社が不正アクセスを受け，登録者の氏名，住所，生年月日などが流出

(4) 大規模な個人情報の漏えい等

スーパーの会員管理サーバ不正アクセスを受けて，顧客や従業員の氏名や住所などのリストが数万人分流出した可能性がある

ゲームや動画などの配信する会社の会員管理サーバが不正アクセスを受けて，世界中の会員データやクレジットカード番号などのリストが数千万人分流出した可能性がある

個人情報の流出によるリスク

氏名や住所など連絡先が書かれた個人情報のリストが流出してしまうと，不要なダイレクトメッセージや郵便物が送られてくる可能性があります。場合によっては，特殊詐欺のターゲットになる恐れもあります。また，IDなどが流出すると，アカウントの乗っ取りなどなりすましの被害にあう可能性が高くなります。さらに，クレジットカードの番号などの流出により，不正な決済などが行われる恐れもあります。

個人情報を流出させた企業や組織も法的な責任を負わなければならないだけでなく，社会的な信用を失う可能性もあります。個人情報の流出が報道されることにより，その企業や組織の個人情報管理体制やセキュリティ体制に不信感が増幅し，イメージの低下につながります。経済的な被害が発生した場合などは，損害賠償をしなければならなくなることもあります。

1）漏えいした個人情報を悪用するのは，どのような人たちか考えてみましょう。

■参考URL

＊　https://www.security-next.com/category/cat191/cat25 Security Next：個人情報漏洩事件一覧

1.3 個人情報の保護

保護制度発達の道筋

米国では1970年代から個人情報の保護法制が徐々に整備されていくのですが，米国とヨーロッパ諸国との法制化の違いなどから，国際的なガイドラインが必要となってきました。そこでOECD（経済協力開発機構）は1980年，「プライバシー保護と個人データの国際流通についてのガイドラインに関するOECD理事会勧告」を発表しました。そこにあげられた８原則はその後の世界各国の個人情報保護制度に大きな影響を与えました。

わが国においても，国の行政機関が保管する個人情報に関して，「行政機関の保有する電子計算機処理に係る個人情報の保護に関する法律」が1989年から施行され（現在は「行政機関の保有する個人情報の保護に関する法律」），2003年には下記の「個人情報保護法」とならび「独立行政法人等の保有する個人情報の保護に関する法律」も制定され，2006年にはすべての地方自治体の「個人情報保護条例」制定が完了して[*1]，官民全体にわたる個人情報の保護制度が構築されました。

個人情報保護法

企業活動を中心とする民間部門は，長く法制化がなされず，それが問題視されていましたが，国民の個人情報保護の基本理念や国，地方自治体の責務を規定するほか，民間企業を個人情報取扱事業者として規制する「個人情報の保護

<table>
<tr><td rowspan="2">個人情報保護法</td><td rowspan="2">（官民共通理念・国の責務等）</td><td>個人情報取扱事業者の義務等</td><td>国，独立行政法人，民間</td><td rowspan="2">規制対象</td></tr>
<tr><td>個人情報保護法施行条例</td><td>地方自治体</td></tr>
</table>

図１-１　個人情報保護法制の全体

に関する法律」（個人情報保護法）*2が2003年に成立し，2005年４月より民間部門にも適用されることになりました（図1-1）。

これにより，官民ともすべての領域で個人情報が保護されることになりました。

個人情報データベース等と個人情報取扱事業者

個人情報データベース等とは個人情報を含む情報の集合物であり，次の２種類があります（個人情報保護法２条２項）。

①特定の個人情報を電子計算機を用いて検索することができるように体系的に構成したもの。

②個人情報を一定の規則に従って整理することにより，特定の個人情報を容易に検索することができるように体系的に構成した情報の集合物であって，目次，索引その他検索を容易にするためのものを有するもの（同法施行令１条）。

個人情報データベース等には次のようなものがあり，電子情報の場合は①，紙情報の場合は②に該当します。

・会員制度や顧客登録制度がある場合の顧客データベース
・業務で使用している電子メールソフトで管理されたメールアドレス帳
・氏名，住所，企業別に分類整理されている市販の人名録

個人情報取扱事業者とは，個人情報データベース等を事業の用に供している者とされますので（同法２条５項），事業活動をしていない一般人は対象外となります。また，過去６か月以内に消去される個人データを扱う者も除外されます（同法施行令５条）。

なお，この個人情報データベース等を構成する個人情報のことを「個人データ」，個人情報取扱事業者が開示，訂正，削除，利用停止などの権限を有する個人データのことを「保有個人データ」といいます（同法２条６，７項）。

OECDの8原則と個人情報保護法

OECDの８原則は，個人情報保護法に反映されていますが，その対応を示すと，表1-2のようになります。

表1-2　OECD個人情報保護の8原則と個人情報保護法との対応*3

OECDの8原則	個人情報保護法 （個人情報取扱事業者の義務）
(1) 収集制限の原則 個人データの収集は適法かつ公正な手段によるべきであり，適当な場合にはデータ主体に通知又は同意を得て行うべきである。	偽りその他不正の手段により取得してはならない。
(2) データ内容の原則 個人データは，その利用目的に沿ったものであるべきであり，利用目的に必要な範囲内で正確，完全，最新に保たれるべきである。	正確かつ最新の内容に保つよう努めなければならない。
(3) 目的明確化の原則 収集目的は収集時より遅くない時期に明確化されなければならず，その後の利用収集目的と合致するか，利用目的の変更に明確化されたものに制限するべきである。	利用目的をできる限り特定しなければならない。
(4) 利用制限の原則 個人データは，同意がある場合や，法令による場合を除いて，明確化された目的以外に使用されるべきではない。	利用目的の達成に必要な範囲を超えて取り扱ってはならない。 本人の同意を得ずに第三者に提供してはならない。
(5) 安全保護の原則 個人データは，紛失・破壊・修正・開示等の危険に対し，合理的な安全保護措置により保護されるべきである。	安全管理のために必要な措置を講じなければならない。 従業者・委託先に対する必要な監督を行わなければならない。
(6) 公開の原則 個人データの作成，実施，方針は一般に公開されるべきである。また，データ管理者の所在を明らかにし，個人情報の種類，おもな利用目的を明示する手段を容易に利用できるようにすべきである。	取得したときは利用目的を通知又は公表しなければならない。 利用目的等を本人の知り得る状態に置かなければならない。
(7) 個人参加の原則 自己に関するデータの所在の有無を確認できるようにしなければならない。また，自己に関するデータについて異議申立ができ，データの消去，修正，完全化，補正ができなければならない。	本人の求めに応じて保有個人データを開示しなければならない。 本人の求めに応じて訂正等を行わなければならない。 本人の求めに応じて利用停止等を行わなければならない。 本人の求めに応じない場合の理由説明
(8) 責任の原則 データ管理者は，上記の原則を実施するための措置に対する責任を有するべきである。	苦情の適切かつ迅速な処理に努めなければならない。

匿名加工情報と仮名加工情報

個人情報を取得した個人情報取扱事業者が，保有する情報を活用しやすくすることを目的に，匿名加工情報（2015年の個人情報保護法改正）や仮名加工情報（2022年の個人情報保護法改正）の制度が創設されました。

匿名加工情報は，取得した個人情報について，特定個人を識別することができないように情報を加工して，当該個人情報を元に戻すことができないようにした情報のことをいいます。個人情報には該当しませんので，当事者の許諾を得なくても第三者に提供することが可能です。

仮名加工情報は，他の情報と照合しない限り特定の個人を識別できないように加工した個人に関する情報です。たとえば，会員IDは残したまま，氏名や住所などを削除した会員リストなどが該当します。仮名加工情報を作成した個人情報取扱事業者の中では，元になった個人情報や，照合することができる情報が保管されていることが想定されます。そのため，第三者に提供することが原則禁止されていますが，利用目的以外の利用ができるため，同一の個人情報取扱事業者の中では，本人に通知しなくても利用することができます。

1）あなたの住んでいる都道府県のWebページを見て，「個人情報保護条例」について調べてみましょう。
2）個人情報が経済において果たす意味と個人にとっての価値とを比較して，個人情報のバランスのとれた保護とは，どのようなものかを考えてみましょう。

■参考URL

＊1　https://www.soumu.go.jp/main_content/000087215.pdf　総務省：個人情報保護対策
＊2　https://www.kantei.go.jp/jp/singi/titeki2/tyousakai/kensho_hyoka_kikaku/2018/sangyou/dai5/sankou4.pdf　首相官邸：個人情報の保護に関する法律
＊3　https://www.cao.go.jp/consumer/history/01/kabusoshiki/kojin/doc/001_100805_shiryou2-1-1.pdf　内閣府：個人情報保護法制整備の背景

1.4 プライバシー

プライバシー権

プライバシー権とは，そもそも個人が平穏な生活を営むために，その私的領域に他者を無断で立ち入らせないという権利（静穏権）から出発し，今日では「自己情報を管理する権利（自己情報コントロール権）」までをも含んでいます。

後者の自己情報コントロール権は，事業者や行政機関が有する自己の個人情報の開示，削除，訂正等を求める手続きとして，個人情報保護法，行政機関個人情報保護法，個人情報保護条例などに規定されています。

ここでは前者の意味でのプライバシー権の侵害について考えてみましょう。

プライバシー侵害の成立要件

侵害の3要件は以下のとおりです(東京地裁1964. 9. 28判決,「宴のあと事件」)。

①私生活上の事実または私生活上の事実らしく受け取られるおそれのある事柄であること。

②一般人の感受性を基準にして，当該私人の立場に立った場合，公開を欲しないであろうと認められる事柄であること。

③一般人に未だ知られていない事柄であること。

インターネット上のプライバシー侵害

インターネットでは，自分の名前や顔を簡単には知られることなく発言することができます。そのため，匿名性を悪用した人権侵害が発生しています。最近では，いじめ事件などをきっかけに，インターネット上に，不確かな情報に基づき，その事件の関係者とされる人たちの個人情報を流す書き込みがされたり，誤った情報に基づいて全く関係のない人たちを誹謗中傷（根拠のない悪口や嫌がらせ）する書き込みがされたりしています*1。

さらに，インターネットの利用者間におけるプライバシー侵害のみならず，Webサイトによるプライバシー侵害も起こり得ます。Webサイトでは，訪問者がサイト内でどのように行動したかをログとして記録することができます。訪問者が何時にどこのサイトからアクセスしてきたのか，利用しているIPやホスト名等々をはじめとして*2，サイバーモール（電子商店街）では，顧客が，どの商店をどうまわり，どの商品の案内を見て，何を注文し，どこのサイトにいったか等の情報を経営分析の資料として記録しています。

プライバシー保護

自分の写真を勝手に公開された場合，プライバシー権の侵害のみならず肖像権侵害ともなります。ただし，人の写真に偶然自分が写ってしまっただけの場合はプライバシー権の侵害とはならないでしょう。

自分のWebページを作成する際には，その掲載内容との関連性を十分考慮し，出さなくてもよいと思われる個人情報は出さないようにした方がよいでしょう。また，掲示板などでの無意味な議論は避けるようにしましょう。いずれにせよ書き込みが不特定多数の人に見られる可能性があるということは最低限意識しておきましょう。

ネットワーク空間は非常に匿名性の高いものだと考えている人が多いように思われますが，ある程度の個人情報を取得しないとネットワークの運営が技術的にできないことも考慮に入れると，とりあえず，そこでの行動はすべて知られているものと考えておくぐらいのほうがよさそうです。

1）ネット上で誰かに自己情報を公開された場合，どのような被害が発生するか考えてみましょう。
2）「このお医者さんは名医です。他の病院で見放された病気を治してくれました」と，ある人が医者の個人情報を公開するのは問題があるでしょうか。

■参考URL

＊1　https://www.gov-online.go.jp/useful/article/200808/3.html#anc01l　政府広報オンライン

＊2　https://www.ugtop.com/spill.shtml　あなたの情報（確認くん）

1.5 ネット上の誹謗中傷

ネットへの書き込みによるトラブル

インターネットのSNSや掲示板などで，一方的に他人を誹謗中傷した書き込みをする人がいます。

それが本人の反論をも誘発し，罵りあいになるケースを考えます。そうした中傷合戦は「炎上」といわれます。現実には，注目を集めやすい出来事をブログの記事に書いたり，SNSのコメント欄に書き込んだりし，他のユーザも巻き込んで炎上させたりします。中には，これまでの書き込みなどから個人を特定したり，プライバシーを暴露することもあります。また，有名人がターゲットになり，その人のプライバシーを必要以上に公開したり，事実と違うことを書き込んで名誉を棄損するトラブルも増加しています。

ネット炎上

X（旧Twitter）などのSNSにおいて，非難や批判が殺到する状態を「炎上」といい，個人攻撃のみならず企業活動を脅かすリスクも伴っています。

人権侵害に関するもの（ヘイトスピーチなど）や企業の不祥事，不注意な（うっかり）発言に対し，発言者への反省を求めるために，そのサイトや特定のサイトへの攻撃的な返信や発言が行われます。それに対して当初は発信者が返答・反論するのですが，不特定多数の同意者が同じ内容の発言を短時間で繰り返して行うので対応が追い付かなくなります。また反論に対して「反省がない」としてさらに攻撃が加えられることにより，そのサイトでの収拾がつかなくなり，サイトを閉鎖せざるを得なくなる状況に追い込まれてしまったりします。

名誉毀損の法的責任

誹謗中傷が名誉毀損にまで至った場合は，金銭による損害賠償をしなければならない（民法710条）ほか，謝罪記事などの名誉回復措置（民法723条）をしなければならない場合があります。さらに悪質な場合には名誉毀損罪（刑法230条）や侮辱罪（刑法231条），脅迫罪（刑法222条）として犯罪になる場合もあり得ます。特に，侮辱罪については，誹謗中傷を抑止することを目的に厳正に対処することになりました。

また企業に対してその信用を毀損するような発言を書き込んだ場合には，信用毀損罪（刑法233条）として罰せられる可能性もあります。

名誉毀損の非成立要件

どのような場合でも他人の批判をしてはならないというのでは，言論の自由（憲法21条）の精神に照らしても，健全な社会を築くことはできません。そこで，以下のような場合には，名誉毀損が成立しないとされています（刑法230条の２）。

①公共の利害に関する事実について，

②公益を図る目的で，

③真実であることを証明した場合（ただし結果的に真実ではなかったとしても，真実と誤信したことについて相当の理由があればよい。最高裁大法廷1969. 6. 25判決）

誹謗中傷の対策

まずは，コメント欄などに安易に書き込みをしないことが重要です。また，安心できるサイトだと思っても，自分が特定される個人情報や個人攻撃の原因になるようなプライバシー情報は明かさず，変だと思ったら使うプロバイダを変えてしまえばよいでしょう。また，自分が加害者にならないように，個人攻撃は相手にしないことが必要でしょう。

もし自らが特定されるような名誉毀損発言がネット上にあった場合，警察に相談することもできます*1。今日では「情報流通プラットフォーム対処法」（p.148コラム参照）によって，プロバイダに削除を求めたり，書き込み者が削除を承認しない場合に書き込み者を特定できるようプロバイダに要請できたりするようになりましたので，そうした手段を用いることもできます。

1）何かのテーマについて他の人と議論したい場合，無用な誹謗中傷を受けないためにはどのようにすればいいか，考えてみましょう。

■参考URL

＊1　https://www.npa.go.jp/bureau/cyber/countermeasures/defamation.html　警察庁サイバー警察局

肖像権・パブリシティ権

氏名，住所，電話番号などと同様，法令などの正当な根拠なく，自らの容姿（肖像）を無断取得，無断公表されない権利は「肖像権」と呼ばれますが，これもプライバシー権の一つです。たとえば，町で本人に無断で撮影した写真を，本人が特定できる形でWebページに無断で掲載するなどが肖像権侵害の典型的な事例となります（東京地裁2005．9．27判決，「日本ファッション協会事件」）。

ことに，芸能人やスポーツ選手などの有名人の氏名や肖像には顧客吸引力という商業的価値があり，これらの無断使用は財産的損害にまで及ぶものとして，「パブリシティ権」と呼ばれています。ただし，公共の場においては，特定個人を対象としないいわゆる「写り込み」の形での撮影は許されます（著作権法30条の２）。しかし，公開する場合は写り込んだ人が特定できないようになんらかの処理をする必要があります。さらに盗撮は，プライバシー権，肖像権侵害のみならず，軽犯罪法や迷惑防止条例違反として犯罪になります。

マイナンバーカードの健康保険証利用

2023年より，医療機関でマイナンバーカードを健康保険証として利用することができるようになりました。デジタル庁や厚生労働省は医療分野のDXを通して，医療保険の効率化や医療サービスの高度な連携などを期待し，マイナンバーカードを保険証として利用することを推進しています。

しかし，医療機関に設置されたマイナンバーカードの読み取りに不具合が生じることがあったり，必要なデータが関連付けられていないというトラブルが報告されています。

マイナンバーカードには氏名や住所などの個人情報のほかに顔写真が印刷されており，万が一紛失した場合には，これまでの保険証よりも個人情報流出のリスクが高いことも指摘されています。

第2章 インターネットと知的財産権

インターネット上の文字，音声，画像，動画などの情報は，デジタル化された情報です。デジタル化された情報は，コンピュータなどの情報機器を用いることによって，編集，加工，コピーなどを容易に行うことができます。

文章，音楽，映像，写真などの創作物は，デジタル化して取り扱う機会が多くなります。それとともに，私たちは，知らず知らずのうちに知的財産権を侵害している可能性も生まれてきました。このように，文化的生活の環境が変化する中で，知的財産権について理解し，尊重する態度を身につけることが大切になってきました。

この章では，知的財産権とは何かについて述べ，著作権の侵害，著作隣接権や産業財産権，著作権の適切な利用について考えていきます。

2.1 知的財産権

創作物に対する権利

知的財産権とは，人間の知的な活動によって生み出された創作物や信用などの価値を保護する権利で，図2-1に示すような構成になります。

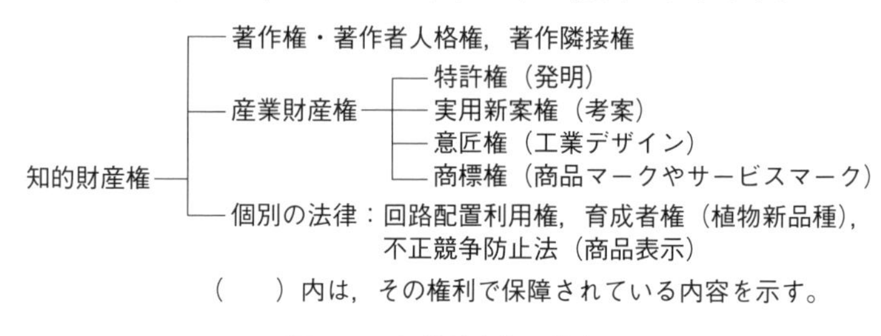

図2-1　知的財産権の構成図

著作物に対する権利

小説や音楽，美術などの表現された文化的な創作は，文化庁が所管する著作権や著作隣接権などによって保護されています。インターネットの普及とともに，著作権の保護がより重視されるようになっています。私たちが自分で文章を書いたり，絵を描いたりするとき，その文章や絵は創作物になります。たとえば，表現に創作性があれば，3歳児の描いた作品も著作物になります。著作権は作品が創作された時点で権利が発生します。このことを「無方式主義」といいます。

工業製品などに対する権利

発明や工業デザインなど産業の発達に寄与する創作は，特許庁が所管する産業財産権（特許権，実用新案権，意匠権，商標権）によって保護されます。

産業財産権は，創造した者が一定期間独占的に利用することができる権利です。これにより，産業財産を創作する意欲の促進や営業活動の信用維持が図られています。発明した人が，その技術を公開することにより第三者の利用に資する代償として，一定の期間・条件下において，その技術に独占権を与え，産業の発達に寄与するという考え方です。

また権利期間終了後は産業発展のため，人類全体の財産とされます（表2-1）。

産業財産権は著作権と異なり，権利を主張するためには監督省庁である特許庁に出願し，審査を受ける必要があります。これを「方式主義」といいます。

特許権は「自然の法則を利用した技術的創作である高度な発明」を保護するものです。実用新案権は「物品の構造や組み合わせ（形状等）の考案」を保護するものです。意匠権は「物品，建築物，画像のデザイン」を保護するものです。さらに，物品，建築物，画像のデザインのうち，視覚的に美感を起こさせるものが保護対象です。商標権は「商品やサービスに使用されるマークのうち，字や図形などを組み合わせ」を保護するものです。商標がつけられた商品やサービスは独占的に使用することができます。2015年4月より，多様化する商標への対応や，グローバル化する企業対応するために，音，動き，位置，ホログラムおよび色彩なども広く商標登録の対象になりました。他の産業財産と異なり，事業者の信用の蓄積などを保護する権利です。

表2-1　産業財産権の種類

	保護期間	内容	例
特許権	出願から20年 （一部，25年に延長）	発明を保護	携帯電話の電池などを製造する技術
実用新案権	出願から10年	考案を保護	携帯電話のアンテナの形状に関する工夫
意匠権	登録から25年	物品のデザインを保護	携帯電話のデザイン
商標権	登録から10年 （更新登録可能）	商標（営業標識）を保護	携帯電話会社のロゴ

演習

1）身の回りの製品やサービスでどのようなものが特許や実用新案，商標として登録されているか特許情報プラットフォーム*1で調べてみましょう。

■参考URL

＊1　https://www.j-platpat.inpit.go.jp　特許情報プラットフォーム (J-Plat Pat)

＊　https://www.jipa.or.jp/　日本知的財産協会

＊　https://www.jpo.go.jp/indexj.htm　特許庁

＊　https://www.inpit.go.jp/　工業所有権情報・研修館

2.2 著作物と著作権

デジタル化と著作権

デジタル化の時代を迎え，著作権に対して2つの観点からの理解が大切になっています。

一つは，デジタル化された他者の著作物を取り扱う機会が増加し，以前より，著作権に対して配慮する必要性が高くなりました。言語，音楽，美術など多くの著作物はデジタル化され，日常的に目にする機会が増えています。インターネットを通じてストリーミング配信された楽曲を聞くことや，インターネット上で公開されている動画視聴を楽しんでいる人も多いでしょう。

その結果，デジタル化された著作物を入手し，コンピュータによって編集，加工，複製することが簡単にできるようになり，うっかりと他人の著作物を複製して配布するなどして，著作権を侵害してしまう可能性が激増しました。

もう一つは，インターネットによる情報発信の機会が増加し，自己の創作物に対する知的財産権の理解が必要となってきました。インターネットの普及に伴い，手軽に利用できるSNSサービスが多様化し，個人での情報発信がたいへん容易になりました。たとえば，自分の創作した詩や小説，画像，音楽などの著作物をWebページやSNSを介して公開すると，世界中の人たちにその著作物を見たり聴いたりしてもらうことができます。音楽や動画を中心に投稿できるSNSもあります。しかし一方では，見知らぬ人に簡単にコピーされてしまい，あなたの著作物が知らない間に売買されるということも考えられるのです。

著作物

以上のように，デジタル化が進んだ情報社会では，著作権を侵害する，また侵害される可能性が高まり，出版や音楽業界など著作物を扱う企業だけでなく，私たち自身が著作物と著作権に対する理解を深める必要があります*1。

著作権で保護される著作物の種類やその具体例および取り扱いの注意について，表2-2にまとめています。ただし，著作権は「表現されたもの」を保護

表2-2　著作物の種類と具体例

著作物の種類	具体例	デジタル化された情報との関連
言語	小説，脚本，論文，講演，詩歌，作詩	電子メール，Webページなど，インターネット上で公開，あるいはインターネットを経由する文書は著作物である。
音楽	作曲，楽曲中の歌詞	デジタル化された創作性のある音楽（歌謡，BGM，旋律など）は著作物である。
舞踏	舞台での演技者の振り付け	CGや3DCG（3次元CG）で作成した振り付けは著作物である。
美術	絵画，彫刻，版画，漫画，書，挿し絵	CG，アニメーション，Webページのデザインは著作物である。
建築	建築物自体	建物の設計図は著作物である。ただし，建物の写真は，許諾なしにWebページに載せてもよい。
地図・図形	地図，学術的な図表，模型，設計図，地球儀	Webページ上に公開されている地図，図・表，イメージマップは著作物である。
映画	上映映画，テレビ番組，ビデオ作品	Webページ上の動画，ストリーミング配信映像は著作物である。
写真	創作性のある写真，グラビア写真	創作性のあるデジタル写真，Webページに掲載されている写真も著作物である。
プログラム	コンピュータプログラム	ソースおよびオブジェクトプログラムは著作物である。プログラム言語自体と，プロトコルやインタフェイスの規格は著作物ではない。
二次的著作物	著作物の翻訳，編曲，彫刻を絵画にするなどの変形，脚色，映画化，現代語訳などの翻案	コンピュータで文章，画像，映像など他者の著作物を取り込み，一部を改変，あるいは統合した創作物は二次的著作物。素材にした著作物の利用に関しては，原著作者からの許諾が必要である。ただし，引用の範囲では許される。
編集著作物	百科事典，辞書，詩集，判例集，新聞，雑誌など	デジタル化された百科事典，辞書，雑誌のバックナンバーリストなども編集著作物である。
データベース	論文，数値，図形など検索が可能なもの	効率よく検索できるように工夫して素材を配列したデータベースは著作物である。検索で得た情報が著作物の場合，利用するには許諾が必要である。

する権利ですので，頭の中だけで考えたアイデアは特許の対象にはなっても著作権保護の対象にはなりません。

お知らせ記事など「誰が」「どこで」「いつ」「なにをしたのか」といった誰が書いても同じ内容，事実の伝達にすぎない時事の報道も創作性がないので著作物とされません。憲法その他の法令，判決，行政文書などは著作物ですが，著作権は発生しません。

著作権

著作物に与えられる権利は，表2-3に示す著作権（財産権としての狭い意味）によって保護されています。多くの場合，著作物を創った著作者が，著作権を専有する著作権者ですが，著作者が著作権を譲渡した場合，著作権者が死亡し相続がなされた場合などは，著作者以外の人が著作権者になることがあります。なお，著作物を保護する期間は，著作者の死亡した翌年から70年間と定められています。ただし映画の著作物においては，公表後70年です。その後は，文化の発展のために広く社会全体に開放され，自由に使用することができます（パブリックドメイン）。

表2-3　著作権の種類と内容

複製権	著作物を複製する権利である。複製には，印刷，コピー，写真撮影，録音・録画，記録メディアへのコピー，模写や手書きのメモも複製にあたる。
上演権・演奏権	公衆を前に上演，または演奏する権利である。生演奏だけでなく，コンピュータ制御での演奏，録音・録画物の再生も含まれる。
上映権	著作物を公に上映する権利である。映画の上映だけでなく，カラオケの映像やゲーム，プレゼンの映像を再生することも上映権に含まれる。
公衆送信権（送信可能化を含む）	著作物を公衆に発信する権利である。テレビ・ラジオの放送，CATV等の有線放送，インターネットを通じての送信等の権利である。著作物をサーバに保存して，公衆からのアクセスを可能にする送信可能化も含まれる。
口述権	言語の著作物を公衆に口述する権利である。テープやCDに録音された小説や童話の朗読，英語のリスニング教材の再生も含まれる。
頒布権	映画の複製物を譲渡あるいは貸与する権利である。ただし，映画のビデオテープやDVDは通常転売が許諾されている（ただし，ビデオゲームは映画とされるが，頒布権は認められていない。最高裁1小2002. 4. 25判決）。
譲渡権	原作品または複製物（映画を除く）を公衆に提供（たとえば販売）する権利である。一度公衆に譲渡された著作物（中古品）には，著作権者の譲渡権は及ばない。
貸与権	著作物（映画を除く）の複製物を公衆に貸与する権利である。たとえば，レコード（CD）レンタル等の権利がこれにあたる。
翻訳権・翻案権等	著作物に翻訳，編曲，変形，脚色，映画化，その他翻案などを行い，二次的著作物を作成する権利である。なお，二次的著作物を利用するには，二次的著作物と原著作物の両方の著作権者の許諾が必要である。
展示権	絵画や彫刻などの美術の著作物や写真の著作物を展示する権利である。

著作者人格権

著作権（財産権）とともに，著作者には著作者人格権が与えられます。表2-4に示すように，著作者人格権は，公表権，氏名表示権，同一性保持権から構成されています。この著作者人格権は，著作者の人格的（精神的）な権利を保護するための権利で，譲渡や相続することはできず（一身専属権），著作物を作成した原著作者のみに与えられる権利です。著作者人格権は，著作者の死亡とともに消滅します。著作権と同様に憲法その他の法令，判決などには著作者人格権は発生しません。

表2-4　著作者人格権の種類と内容

公表権	未公開の著作物を公表するか否かを決定する権利
氏名表示権	実名あるいは変名を著作物に表示するか否かを決定する権利
同一性保持権	著作物の内容および題号を無断で変更，削除されない権利

1）あなたが持っているデジタルで記録されている著作物を，いくつか挙げてみましょう。また，その著作者にはどのような権利が与えられているか調べてみましょう*1。

■参考URL

＊1　https://www.cric.or.jp/　著作権情報センター
＊　https://www.bunka.go.jp/　文化庁

2.3 著作権の侵害

違法コピーによる著作権侵害

一般的に，他人の著作物を著作権者に許諾なく（無断で）複製すると著作権を侵害します。たとえば，ダウンロードした音楽データを私的使用の範囲を超えて複製すると，著作権（複製権）を侵害します。パソコンが高性能になりDVDやBlu-rayなどからデータを取り込むリッピングという行為が容易にできるようになったため，データを暗号化するなどして技術的保護（コピーガード）が施されるようになりました。これらの著作物のプロテクト（DVDに適用されているCSSやBlu-rayに適用されているAACS，衛星放送のB-CAS方式等）を解除してコピーする行為は違法となります。

かつては，ファイル交換ソフトによる違法コピー配布の事例が問題となり，逮捕，有罪になった人もいますが，この場合，複製権だけではなく公衆送信権（送信可能化も含む）の侵害ともなります。他人の著作物を複製して利用するときは，原則として著作権者の許諾を必ずとらなければなりません。

2012年の著作権法30条改正で，違法にアップロードされた有償著作物と知りつつ，著作権者に無断で音楽や映像をダウンロードする行為は，私的使用であっても犯罪となりました。有償著作物等とは，有償で公衆に提供もしくは提示されている著作物等であり，それ自体に著作権や著作隣接権があるものです。ただし，動画投稿サイトを視聴していてパソコンに一時的に保存されるキャッシュなどは，違法とはならず処罰の対象になりません。

Webページ公開による著作権侵害

他人が書いた文章，描いた絵，写した写真を，許可なく自分のSNSなどのWebページに載せると著作権侵害になります。インターネット上の情報は簡単にコピーすることができますが，たとえ小さなアイコンであっても，無断でSNSやWebページに掲載してはいけません。

Webページ素材集など，著作権フリー（許諾なく複製利用することを著作権者が認めていること）のものを使うことは問題ありません。この場合，商業利用の制限や，利用枚数の設定など，著作権者が利用条件を付けていることもあるので，利用する際には確認が必要です。

日常的にスマートフォンのカメラなどを活用し，写真や動画が撮影できるようになったことから，写真や映像を撮影した際に，他人の著作物が写りこんでしまうことが想定されます。これまでは，たまたま写りこんでしまった著作物でも，著作権で保護されていました。しかし，一般日常生活上での不具合が発生したことから，たまたま写り込んでしまった背景の絵や写真，音楽などを利用する行為は，著作権等の侵害になりません。具体的には，下記のような行為が該当します。

・Webページに掲載する写真を撮影したら，対象の背景にポスターや看板が写り込んでしまった
・Webページに掲載する動画を撮影したら，撮影現場で流れていたBGMが録り込まれてしまった

一方，テーマパークのキャラクタと意図的に一緒に写った写真など，「意図して」著作物を利用しようとする行為は，原則として著作権者の許諾が必要となります。無断でアニメのキャラクタの絵やぬいぐるみが写っている高画質な写真をSNSなどを通じてWebページに載せて公開していると，著作権者から使用料を請求される可能性があります。自分の好きな歌詞を紹介するつもりでSNSなどのWebページに載せても著作権侵害になります。

また，Webページを作成してインターネット上に公開する場合は，著作権侵害だけでなく，他人の個人情報やプライバシー情報，肖像権やパブリシティ権に配慮することも重要です。

エルマークとABJマーク

Webページで，音楽や動画を配信する際に著作権者が許諾した正規のコンテンツであることを識別するための目印として，エルマークが制定されています。この制度は，コンテンツの将来を守るための重要なものです。

違法コンテンツと知りつつ，ダウンロードすることが違法となることから，利用者が安心して視聴することを目的に制定されました。

ABJマークは，掲示した電子書店・電子書籍配信サービスが，著作権者からコンテンツ使用許諾を得た正規のコンテンツであることを識別するための目印です。利用者が安心して閲覧・講読できる環境を提供するとともに，健全なコンテンツ市場の発展の促進を目的として定められました。

執筆による著作権侵害

レポート課題として出題されたテーマをインターネットで検索し，詳しくまとめられた文章を，そのままコピーして自分のレポートとして提出する行為は，自分の調査・分析する能力を偽る「不正行為」とされ，さらには，他人の文章を自分の文章として利用することは「著作権を侵害する行為」でもあります。

個人が執筆する論文やレポートは，その人の著作物です。そのため，どのような文章を書く場合でも，責任をもって調査・分析し，他人の文章を引用の条件を超えて無断で転記してはいけません。引用の適切な方法（2.4節参照）を身につけ，著作権侵害のないレポート作成を行いましょう。

ソフトウェアの著作権

パソコンやスマホでは様々なソフトウェア（アプリ）がインストールされ，利用されています。ソフトウェア会社は多くの人に便利に使用してもらえるソフトウェアを開発し，ライセンス（使用する権利）を販売しています。ソフトウェアのライセンスを購入すると，そのソフトウェアを使用することはできますが，ソフトウェアの著作権までは自分のものにはなりません。それゆえ，ソフトウェアを無断で複製（コピー）し，再販したり他人に利用させたりすることは許されないことです。

次のような行為はソフトウェアピラシー（海賊行為）と呼ばれ，違法となります。

①購入した市販ソフトウェアを著作権者に無断でコピーして友人にあげる。

②他人のパソコンにインストールされているソフトウェアを無断でコピーし，他のパソコンにインストールする。

③ソフトウェアパッケージを１つだけ購入して，複数のパソコンにインストールして使用する。

著作権侵害への対応

万が一，自分の著作権が他人によって侵害された場合は，告訴することができます（親告罪）。自分の著作権を侵害されている事例を発見した場合は，「だれが」「どのように」権利を侵害しているか特定し記録することが重要です。また，侵害による被害を防止するための「差止請求」や損害を補うための「損害賠償請求」などを行うこともできます。

AIと著作権

2023年5月に日本語版（英語版は2022年11月公開）で公開された生成AI「Chat GPT」をはじめに，さまざまな生成AIサービスが利用できるようになりました。

一方，生成AIにはさまざまな課題があります。

生成AIによって，偽情報である偽画像や偽動画が少しの技術で作成することができるようになりました。生成AIで作られた偽情報がインターネットを介して不特定多数に拡散された結果，世間を混乱に陥らせたり，事件などが発生したりしています。さらに，著作権の問題では，生成AIによってアーティストやイラストレーター，俳優などにそっくりなものが作られ，権利を侵害することが起き，国家レベルや国際会議などで対応するための方法が議論されています。

1)　コピーガードの技術について調べてみましょう。
2)　自分が撮影した写真をWebページに掲載する場合に，その写真の著作権の他，配慮するべき事項を考えてみましょう。
3)　課題で出されたレポートを作成するために，Webページを検索したところ，必要な文章や画像を見つけました。著作権を侵害せずに自分のレポートを作成するためには，どのようなことに気をつければよいか考えてみましょう。

■参考URL

＊　https://www.cric.or.jp/db/　著作権データベース
＊　https://www.bunka.go.jp/seisaku/chosakuken/　文化庁著作権解説ページ

2.4 著作物の利用

著作物の利用

他人の著作物を複製したりして利用する場合は著作権者の許諾を得ることが必要です。口頭でのやりとりだけでも，文書を交わした場合も，対価が有償の場合も無償の場合も，この「利用許諾契約」は成立します。

市販されている音楽や映像（動画）などを一般人が利用する際，著作権者が個別に対応していては膨大な手間になることがあります。そこで，著作権者の権利を集約して，著作物利用の契約をまとめる窓口となる団体があります。代表的な例として，音楽の著作権管理団体である社団法人日本音楽著作権協会（JASRAC）やNexTone*[1]などがあります（図2-2）。

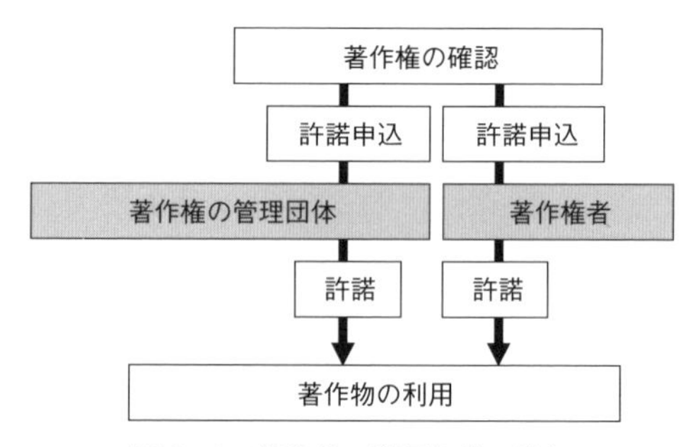

図2-2　著作物の利用契約の流れ

著作権の制限

著作物を複製して利用する場合は，著作権者に許諾を得てから利用することが原則です。しかし，著作権者に許諾を得なくても複製して利用することができる場合があります。私的使用のための複製，図書館等における複製，教育機関における複製や引用としての利用などの場合です。こうした場合のように許諾の必要のない著作物の利用が「著作権の制限」となります。

(1) 私的使用のための複製（著作権法30条）

「著作物は，個人的に又は家庭内その他これに準ずる限られた範囲内において使用すること（私的使用という）を目的とするときは，その使用する者が複製することができる」とあります。つまり，購入した動画や音楽データを自分自身や家族，ごく親しい少人数の友人など限られた範囲内において，使用することを目的とする場合，著作物を許可なく複製することができます。

(2) 図書館等における複製（著作権法31条）

調査研究のために図書館にある著作物の一部分を一部だけ複製しても著作権侵害にはならないと定めています。図書館に複写機が備えてあるのはこのためです。しかし，複製してもよいのは「著作物の一部分」を一部までと定められているため，一冊まるごと複製することはできません。

(3) 引用（著作権法32条）

公表された著作物は，公正な慣行に合致する方法により，報道，批評，研究など引用の目的上，正当な範囲内で行う場合には，許諾なく引用して利用することができます。引用は自説を補強等するために必要な箇所のみで留める必要があります。

引用と認められるためには，次の条件を満たす必要があります。

①引用が公正な慣行に合致すること
②引用の目的上，正当な範囲内で行われること
③引用部分を明示すること（明瞭区別性）：自分が書いた文と引用文とを明確に区別しなければならない
④主従関係：自分の書いた文章が主で，引用文が従でなければならない
⑤引用元を明示すること（出典明示）：引用した場合は，引用元（著者名，書名，発行年，出版社名など）を示さなければならない
⑥引用は適正な分量であること（必要最小限）：引用文が主の文章よりも長いような場合は，引用とは認められない

(4) 学校その他の教育機関における複製等（著作権法第35条）

「教育を担任する者及び授業を受ける者は，授業の過程で利用するために，著作物を複製したり，公衆送信を行ったり，公の伝達をすることができる」と

あります。つまり，授業を担当する者（教師）が授業を受ける者（児童生徒）に対して，授業で利用するとき，授業の中で図鑑や書物の一部をコピーして教室で利用したり，インターネット上の情報を印刷して利用したりすることができます。しかし，「著作権者の利益を不当に害することとなる場合は，この限りでない」というただし書きがあり，教育目的であれば無制限に複製が許されているわけではありません。たとえば，市販されている教材や問題集などをコピーする場合，程度によっては著作権侵害になる可能性があります。しかし，授業参観に参加している保護者や職員会議などの授業以外の教育活動については該当しません。

近年増えているオンデマンド学習やオンライン学習についても，この法律が関わります。公衆送信（遠隔授業のための同時配信を除く）を行う場合には，教育機関の設置者は著作権者への補償金の支払いが必要となります。

(5) 付随対象著作物の利用（著作権法第30条の２）

写真撮影，録音・録画，放送等の方法により事物等を複製・伝達する場合，撮影等の対象となる事物等から分離することが困難であり，軽微な構成部分になる著作物（付随対象著作物）は，著作権者の利益を不当に害することとなる場合を除き，許可なく利用することができます。

自由利用マーク

事前に「意思表示」を明確にする自由利用マークが，2003年に制定されました。著作物を創った人（著作者）が，自分の著作物を他人に自由な利用を認める場合に，その意思を表示するためのマークです。「プリントアウト・コピー・無料配布」を認める場合と，「障害者が利用する」ことを前提にしてあらゆる非営利活動で利用を認める場合と，「学校の活動で利用する」ことを前提にしてあらゆる非営利活動で利用を認める場合の３種類のマークがあります*2。

現在でも教育機関で利用される資料等に利用されていますが，インターネット上では，次に述べるクリエイティブ・コモンズ・ライセンスという国際的ルールで制定されたマークが使われています。

クリエイティブ・コモンズ・ライセンス

クリエイティブ・コモンズ・ライセンスとはインターネット社会における新

しい著作権ルールで，作品を公開する著作者が「この条件を守れば私の作品を自由に使って構いません」という意思表示をするための方法の一つです。クリエイティブ・コモンズ（CC）は，クリエイティブ・コモンズ・ライセンスを提供している国際的非営利組織とそのプロジェクトの総称です*3。

クリエイティブ・コモンズ・ライセンスを利用することで，作者は著作権を保持したまま作品を自由にインターネット等を介して流通し，多くの人に見てもらう機会を増やせます。受け手は著作者の提示する条件の範囲内で作品を利用することができます。CCライセンスの種類とその意味を図2-3に示します。

作品のクレジットを表示すること

非営利

営利目的での利用をしないこと

元の作品を改変しないこと

継承

元の作品と同じ組み合わせの
クリエイティブ・コモンズ・ライセンス
で公開すること

図2-3　クリエイティブ・コモンズ・ライセンスの種類

1）他人のWebページから画像や音声やキャラクタをコピーして自分のWebページに貼り付ける場合，どのような許諾の方法があるか考えてみましょう。
2）他人の著作物の利用にどれくらい費用がかかるか調べてみましょう*4。
3）自分の著作物の利用についてクリエイティブ・コモンズ・ライセンスを活用して条件を考えてみよう。

■参考URL

＊1　https://www.jasrac.or.jp/　日本音楽著作権協会　https://www.nex-tone.co.jp/ NexTone
＊2　https://www.bunka.go.jp/jiyuriyo　文化庁自由利用マーク
＊3　https://creativecommons.jp/　クリエイティブ・コモンズ・ジャパン
＊4　https://jrrc.or.jp/contract/personal/　日本複写権センター：個人・スポットでの利用について

2.5 著作隣接権

著作物を伝達する人の権利

著作権法には，著作権の他に著作隣接権と呼ばれる権利が定められています。この著作隣接権は，実演家（歌手，演奏家，俳優など），レコード製作者，放送事業者（有線を含む）に対して与えられる伝達者の権利です。著作者ではありませんが，演奏時などに表現の工夫をするなど創造的な活動を行い，著作物を伝達したり，普及するために大切な役割を果たす人物や団体に対してこの権利は与えられます。たとえば，演奏者が作詞・作曲家の許諾を得て楽曲を演奏する場合，演奏者は実演家として著作隣接権を持つようになります。著作隣接権には，表2-5のように，録音や録画を行う録音・録画権，自分の演奏を放送する放送権（有線を含む），インターネットで公衆に配信することを可能にする送信可能化権などがあります。実演家やレコード製作者などは，これらの権利を使って経済的な利益を得ます。

表2-5　著作隣接権とその内容

実演家	録音・録画権，放送・有線放送権，送信可能化権，譲渡権，貸与権を持つ。また，氏名表示権，同一性保持権を持つ
レコード製作者	複製権，送信可能化権，譲渡権，貸与権などを持つ
放送事業者	複製権，再放送権，送信可能化権，伝達権などを持つ

1）放送事業者・貸しレコード業者は，実演家・レコード製作者に対して，音楽等の使用料金を支払う義務がある。
2）実演家には，同一性保持権や氏名表示権が与えられる。
3）著作隣接権の保護期間は，実演・発行・放送した翌年から70年間である。

学園祭でのコンサート

学園祭でコンサートを開き，その模様を録画してインターネットで配信する場合を考えてみましょう。音楽を演奏する場合，原則として作詞・作曲者が持っている演奏権に対して許諾を得る必要があります。ただし，「そのコンサートが営利目的ではない（非営利）」「出演者に対して報酬を与えない（無報酬）」

「聴衆又は観衆から料金を取らない（無償）」，以上３つの条件がすべて満たされる場合は，著作権者に対する義務は生じません。

営利目的の場合

一般の営利でのコンサートを録画し，インターネットのWebサーバに保存する行為は，作詞・作曲家の著作権のうち，複製権と公衆送信権を侵害することになります。同時に，演奏者の著作隣接権のうち，録音権・録画権と公衆送信権を侵害することになります。インターネットでコンサートの模様を配信するような場合，作詞・作曲家の許諾を得るだけでなく，演奏者の許諾を得る必要があります。インターネットで配信されている音楽を使って無断でWebページを作成し，インターネットで配信を行うような場合，作詞・作曲家と演奏者のみならず，レコード製作者の著作隣接権（複製権と送信可能化権）を侵害します。また，テレビやラジオの生演奏を録音して無断でWebページに載せると，放送事業者の著作隣接権（複製権と送信可能化権）を侵害します。

インターネットによる音楽配信は，著作権者のみならず著作隣接権者の許諾が必要です。作詞・作曲家の著作権の許諾に関しては著作権を管理する団体，著作隣接権の許諾に関しては，実演家の所属事務所，レコード会社，放送局などに問い合わせる必要があります。しかし，許諾を得ようとしても，「権利者が誰だかわからない」等の理由で許諾を得ることができない場合があります。この場合には，権利者の許諾を得る代わりに文化庁長官の裁定を受け，通常の使用料額に相当する補償金を支払うことにより，著作物を適法に利用することができる裁定制度*[1]があります。

1）FM放送で流れたレコード音楽を録音し，無断でインターネット配信する場合，どのような著作権，著作隣接権侵害の問題が発生するか調べてみましょう。

■参考URL

＊1　http://www.bunka.go.jp/seisaku/chosakuken/seidokaisetsu/chosakukensha_fumei/　著作権者不明等の場合の裁定制度

＊　http://www.cpra.jp/　実演家著作隣接権センター

オープンソース

今日の知的財産権の運用についてオープンソースという考え方もあります。オープンソースとは，実際に運用されるプログラムの元であるソースコードを公開して配布されるもので，有償無償を問いません。

オープンソースの提唱者であるストールマンらは，ソースを公開することにより，プログラムがおかしなことをしていないかのみならず，ミスであるバグの発見，修正などが全世界のユーザに明らかになり，改善の成果をお互いに享受できるとしています。ただし，オープンソースも本質的には著作物であり，その使用条件には従わなくてはなりません。

こうした考え方に基づく大きな成果として，一般パソコンで動くOSであるLinuxがあります。これは原則として無料で配布され，オープンソースの原則を守る限り，配布されたものを有償製品にすることも妨げられていません。

特許や実用新案

特許権は，自然の法則を利用した技術的創作であり，高度な発明を保護するものです。ソフトウェアに関する，ソフトウェア特許も近年認められるようになりました。実用新案権は，物品の構造や組み合わせ（形状）の工夫によるものを保護するものです。

特許も実用新案も，開発者が努力して発明や工夫したことを適切に保護し，独占的な権利を与えるだけでなく，その発明や工夫を公開することにより産業の発展を目的とするものです。また，著作権などと異なり，監督省庁である特許庁に出願し，審査を受ける必要があります（方式主義）。

たとえば特許の審査は，自然法則を利用した技術であるかどうか，それ以前に同様の発案はなかったかどうか，産業に利用可能かどうかなどを新規性，進歩性の基準から判断することによって行われます。

第3章 インターネットと生活

インターネットは，私たちの生活に利便性と可能性をもたらしています。今やコミュニケーションに欠かせない電子メール，WebページやSNSなどのソーシャルメディアの活用など，インターネットは，生活を支える情報基盤になってきました。

日常生活では，さまざまな生活情報の検索などに，パソコンやスマートフォンなどの情報端末が利用されています。また，情報通信の高速化や情報蓄積の大容量化により，電子政府による行政サービス，電子図書館，電子美術館，電子書籍，電子医療などが実現しています。

この章では，生活の中で使われるインターネットを取り上げ，ネット依存については検討し，安心して利用するための方法について考えていきます。

3.1 情報社会における生活

インターネット利用の利便性

仕事や育児などのために，買い物に出かける時間がないときに，インターネットショッピングを利用すると便利です。多くの百貨店，家電量販店，書店などがインターネット上での販売を行っており，インターネットで買えないものはないと言えるほど普及しています。また，代金の支払いも，クレジットカードや電子マネーを使って，インターネット上ですませることができます。金融機関もインターネットでのサービスを進めていて，残高照会や振り込みなどをインターネット上で行うネットバンキングも普及しています。

また，インターネットを利用して，テレビ電話やテレビ会議を行うことができます。1対1で通話できるものがテレビ電話で，同時に複数の場所にいる人と対話できるものがテレビ会議です。

鉄道やバス，航空機などの交通機関を利用する際，あらかじめインターネットで最新の時刻表を調べたり，利用する駅の構内図を見て乗換の道順などを調べたりすることができます。会員登録することで，乗車券を予約したり希望の席を指定したり，代金を決済したりすることもインターネット上でできます。また，出発駅と到着駅を入力することで，経路や料金，時間，利用可能な最終電車などが表示される経路検索や乗換案内検索のサイトもあります。

カーナビゲーションシステムは，GPS（Global Positioning System）アンテナで複数の人工衛星と通信し，衛星との距離の差から自動車の現在位置を特定したうえで道案内

をするものです。車速度センサや振動ジャイロセンサなどでも車の移動した量と方向を把握し，道路沿いに設置された装置から混雑の情報を受信して，自動的に最適な経路を提示することもできます。

“ChatGPT” などの近年急速に発展・普及した生成AIは，人間のように文章や画像を生成し，多岐にわたるタスクを自律的にこなすことができる革新的な技術です。これによりAIと人間とが自然な言葉で対話できるようになり，人間と協調して働く環境が整いつつあります。こうしたAIとXR（拡張現実）など情報通信技術（ICT）・デジタルを利用したテクノロジーは，この先さらに私たちの社会・経済活動を変革していくと期待されています*1。

利便性と課題

多くの場合，インターネットを利用してチケットの予約や決済をすると割引があったりポイントが付いたりします。割引やポイント付与によるマイナスを埋めて余りある顧客情報を会社が入手していることも見逃せません。

サービスを提供する企業は，購入履歴を利用して，さらに利用をうながすメッセージを送ることができます。利用者の側からすれば，便利さばかりが強調されるため，引き換えに，非常に多くの情報を提供していることに気づいていない人が少なくありません。便利さの享受と情報の提供のバランスを考えて利用することが重要です。

また，AIを用いた自動化が進んでいます。たとえば，自動車の自動運転をするAIがあります。しかし，事故が避けられない状況のとき，AIにどう判断させるかや，最善と考えられる運転をして事故が起きたときの責任の所在が，AIの開発メーカー，そのAIを採用した自動車メーカー，運転者のいずれにあるのかなど，解決すべき問題はまだ残っています。その他，生成AIによる誤った情報の生成（ハルシネーション・幻覚）などのリスクにも注意が必要です。

1）旅行先を決め，経路検索などを使って，旅行計画を作ってみましょう。

■参考URL

＊1　https://www.soumu.go.jp/johotsusintokei/whitepaper/　総務省：令和6年度版情報通信白書

3.2 携帯情報端末の活用

携帯電話の歴史

携帯することができる電話は，1970年代より開発が始まり，最初は自動車などに搭載して通話する業務用のものが中心でした。その後，1980年代には肩から下げるタイプのものや１kg程度の重さがある機種が発売され，1990年代には小型化が進みました。当初は通話機能と電話帳機能がある程度でした。

個人が所有し，利用することが広がった1990年代以降，液晶ディスプレイが搭載されたことから通話機能に加えてメッセージの送受信ができるようになり，インターネット接続によるWeb閲覧ができるようになりました。

その後，カメラが搭載されたり，テレビの視聴や音楽の再生ができるようになり，電子マネーの機能が利用できるように進化してきました。

このように携帯電話は通話機能から始まりさまざまな機能を加えて進化し，携帯電話という電話の機能より追加された機能が重要になり「ケータイ」と呼ばれるようになってきました。

携帯電話からスマートフォンへ

携帯電話の機能を持ちながら，小さなパソコンとして使うことができるスマートフォン（iPhone）が2007年に登場し，急速に普及しました。一般的に，スマートフォンは，操作ボタンがなくタッチパネルに触れて操作します。携帯電

通話／メール／Web閲覧
時計／目覚まし
SNS／オンラインゲーム
デジカメ／ビデオ
動画再生／音楽再生
電子マネー／鉄道の乗車券
GPS／電子手帳
家電コントロール

図３-１　スマートフォンのさまざまな利用場面

話は，最初からOSもアプリケーションソフトウェアもインストールされていますが，スマートフォンは汎用性のあるOSを使い，パソコンと同じようにアプリケーションソフトウェアを使用者の好みによって選択し，インストールして使用します。

インターネットに接続する方法も，携帯電話と同じように携帯電話会社のインターネット接続サービスを使う方法と，パソコンのようにWi-Fiを使う方法があり，用途や使う場所によって選択して利用することができます。

ノートパソコンからタブレット端末へ

パソコンには，おもに机上に置いて使用するデスクトップパソコンと，可搬性に優れたノートパソコンがあります。ノートパソコンの軽量化，薄型化，バッテリーの長寿命化が進み，外出先でのビジネスに欠かせないものとなりました。ノートパソコンの薄型化が進み，キーボードがなく，パソコン本体とモニタ画面が一体になったものがタブレット端末です。モニタ画面が液晶のタッチパネルとなり，モニタ画面に表示されたボタンやアイコンに触れて操作します。一般的にノートパソコンより薄く軽いので可搬性に優れており，ビジネス利用や教育利用の他，電子書籍の読書や映画鑑賞，イラスト作成などの娯楽目的の利用にも適しています。

便利なインターネット端末

携帯電話，スマートフォン，パソコン，タブレット端末は，いずれもインターネット端末として利用することができます。特に，携帯電話，スマートフォン，小型のタブレット端末は，可搬性に優れており，Wi-Fiなどのインターネット接続環境が整っている場所であれば，どこでもインターネットを利用することができます。外出時に，電子メールの送受信をしたり，Webページで情報検索したり，ブログを更新したり，X（旧ツイッター）でつぶやいたり，SNSなどでメッセージ交換したりすることができる便利なインターネット端末です。

また，これらに備えられたGPS機能と適切なアプリケーションプログラムを用いれば，自分の現在地を知り，道案内を表示したり，近くのショップを探したり，相手に自分のいる場所を知らせたりすることができます。

地震，津波，豪雨や豪雪等による自然災害を未然に防ぐために，気象庁は緊急防災情報を配信しています。特に，「数十年に１度しかないような災害」が予想され，直ちに命を守るための行動が必要な場合，気象庁は「特別警報」を発令します。地方自治体は「特別警報」を受信すると，住民にその情報を流す義務を負っています。住民に連絡する有効な手段は，携帯電話やスマートフォン等への「特別警報」の送信です。緊急防災情報は，新聞やテレビ等のマスメディアでは直ちに住民に周知できるとは限らないため，住民の多くが携帯している情報通信端末へ自動的にメールを送信する手段は有効です。

携帯電話・スマートフォンの問題

携帯電話やスマートフォンは，小型で可搬性に優れていますが，その反面紛失しやすいともいえます。携帯電話やスマートフォンには，友人・知人の電話番号やメールアドレスやプライベート写真など，大量の個人情報が保存されていることが多く，紛失したときにそれらが悪用される危険に注意を払う必要があります。また，内蔵されているICチップを使えば，個人認証に利用したり，電子マネーや演劇などのチケット，鉄道などの乗車券として利用したりすることができます。さらに，ネットショッピング，ネットバンキングなどで入力したIDや電話番号，パスワードが登録されていて，自動でWebサイトに接続・認証するようになっていることもあるので，便利な反面，紛失した場合の問題は非常に大きいといえます。

また，携帯電話やスマートフォンは，それを持っている人の所有物だという意識が自他ともに強く，操作する際は，通常一人で判断して使います。そのた

め，不適切な情報をネット上に書き込んだり，動画を違法にアップロードしたりしないように，自分一人で判断しなければなりません。適切な知識と判断力が求められます。

スマートフォンは汎用性のあるOSが使われているので，コンピュータウイルスに感染する恐れがありますが，ウイルス対策ソフトを利用している人が少ないのが現状です。また，未成年者が携帯電話でインターネットを利用する場合，フィルタリングサービスが義務付けられていますが，Wi-Fiでインターネットに接続すると，このサービスを受けられません。別途，フィルタリングソフトをインストールしたり，端末でのペアレンタルコントロール設定の必要がありますが，このことを正しく理解している保護者が少ないのが現状です。

スマートフォンは，購入後にさまざまなアプリケーションを追加して利用することが可能です。各種SNSや無料通話・メールアプリ，画像・動画・音楽のプレーヤーや編集ツール，各種ゲーム，道案内やビジネスなど特定の情報を提供するツールなど，多種多様なアプリケーションが無料あるいは少額で利用できます。このように，アプリケーションの利用はわれわれの生活を便利で豊かなものにする一方，ゲーム等のアプリケーションの利用にのめりこみ依存してしまう危険性もあります。また，子どもたちには有害なアプリケーションや，犯罪を助長するようなアプリケーションもあるので注意が必要です。

その他にも，GPS機能や，ICチップを利用したサービスが便利である一方，そのサービス内容や仕組みを正しく理解していないと，プライバシー情報が思わぬ使われ方をしてしまうことがあります。

1）携帯電話やスマートフォンを悪用した事件について調べてみましょう。

■参考URL

＊　https://www.soumu.go.jp/use_the_internet_wisely/trouble/　総務省：インターネットトラブル事例集

3.3 ネットの利用と依存

スマートフォンによるネットの利用

インターネットを利用するための情報通信端末として普及したスマートフォンは，日常生活のさまざまな場面で利用することができます。パソコンとほぼ同等の性能を持っており，Wi-Fiでインターネットに接続すれば，スマホアプリをパソコンと同じように利用できます。この多機能性が，スマートフォンが便利なもので，なくてはならないものだといわれる最も大きな理由だといえるでしょう。しかし，このことが，常にスマートフォンを手放せなくなり，歩きスマホやネット依存につながる大きな原因になっているといえます。また，小さな画面に多くの情報が表示されるので，画面を注視する時間が長くなるという問題もあります。

「ながらスマホ」の問題

何かをしながら，スマートフォンを使うことを「ながらスマホ」といいます。道路交通法で禁じられているにもかかわらず，自動車を運転しながらスマートフォンを使っていて死傷事故を起こした人がいます。スマートフォンを使いながら自転車を運転する行為も，人の命に関わる非常に危険な行為で，都道府県の道路交通法施行細則などで禁じられています。

スマートフォンが普及してから，スマートフォンの画面を見ながら歩く,歩きスマホをする人が多く，社会的に大きな問題となっています。歩きスマホをしていて，鉄道のホームから転落したり，自動車と接触したりといったことが起きています。歩きスマホは，自分の身を危険にするだけでなく，他の歩行者と衝突して怪我をさせたり，他の人の通行の邪魔になったりします。また，周囲の人への配慮ができなくなり，配慮が必要な高齢者や子ども，障害のある人を危険にさらすことにもなりかねません。神奈川県大和市など，公共の場所における歩きスマホの防止を目的とする条例を制定している地域もあります。歩きスマホは，倫理的に許されない行為だと考える必要があります。

ネット依存とは

携帯電話やスマートフォンを自宅に忘れて外出すると不安でたまらず，たとえ学校や職場に遅刻しても取りに戻る人がいます。また，少しの時間に誰からも電子メールなどの連絡がないと不安になり，大した用事もないのに電子メールやメッセージを友人に送ってしまう人もいます。

このようなことが高じると，授業中や仕事中でも，携帯電話やスマートフォンを手放せなくなって，いつも触っているようになります。このように，日常生活に支障が出るほど，携帯電話やスマートフォンなどを用いてインターネットを長時間使用するようになり，やめられなくなった状態をネット依存といいます（表3-1参照）。日常生活に支障がある場合，その害に注目して，ネット中毒ということもあります。

こども家庭庁が行った小学4年生から高校生までの3,279人を対象とした調査*2では，平日のインターネット利用時間の平均は小学生で約3時間46分，中学生は約4時間42分，高校生は約6時間14分と，年齢が上がり保護者の管理がゆるやかになるにつれインターネットの利用時間が長くなる傾向がありました。その利用時間で最も多いのはネット動画の視聴やゲーム，（ソーシャルメディアなどへの）投稿やメッセージ交換など趣味・娯楽を目的とした利用で，勉強を目的とした利用時間の約3倍の長さでした。また，経験したことのあるインターネットのトラブルや問題では「インターネットにのめりこんで勉強に集中できなかったり，睡眠不足になったりしたことがある」が最も多く，きっかけがあれば誰でも日常生活に支障が出るほどネットに依存してしまう可能性があるといえます。

表3-1　ヤング（Young）によるネット依存傾向の尺度*1（20項目より5項目抜粋）

1	気がつくと，思っていたより長い時間ネットをしていることがありますか
2	ネットを長く利用していたために，家庭での役割や家事（炊事，掃除，洗濯など）をおろそかにすることがありますか
3	配偶者や友だちと過ごすよりも，ネットを利用したいと思うことがありますか
4	ネットで新しく知り合いを作ることがありますか
5	周りの人から，ネットを利用する時間や頻度について文句を言われたことがありますか

かつてのネット依存は，インターネットに接続されたデスクトップパソコンを使ったものでした。そのため，ネット依存は，ずっと屋内に居続けること，つまり「ひきこもり」を意味していました。しかし，スマートフォンが普及してからは，普段通りの行動をしながら，ネットを使い続けることができるようになってしまいました。ネット依存を自覚しにくく，長時間使用することに問題を感じることが少なくなったといえます。スマートフォンなどのように常に持ち歩くことができる情報通信端末を使う場合のほうが，ネット依存になりやすいといえるでしょう。

スマホ育児の問題

画面操作が容易なスマートフォンを乳幼児に触らせたり，見せたりしながら育児をする様子を見かけるようになりました。公共の場で乳幼児が泣いたときや，どうしても手が離せないときにスマホを触らせたり画面を見せたりすることができますが，乳幼児の成長に悪影響を及ぼすことが指摘されています。

また，親とコミュニケーションをとるのが疎かになり，親子の関係づくりにも悪影響を及ぼす可能性も指摘されています。乳幼児にスマートフォンやタブレット端末を使わせると，飽きることなく指でタッチパネルを触り続けるようになります。これも依存の一つだと考えられ，乳幼児や低年齢の子どものネット依存には，発達の観点から特に警戒する必要があります。

ネット依存にならないために

ネット依存にならないようにするには，インターネットを使用する時間をあらかじめ決めておき，それを守ることが大切です。オンラインゲームや動画などは，いつまでも楽しめるように作られているので，決めた時間通りに終えるように自分をコントロールしなければなりません。本人だけで守ることがむずかしい場合は，家族のサポートも必要です。ネット依存にならないようにするには，家庭で使用時間をあらかじめ決めておくなどの約束をしておくこと，家族で話し合って同じ対応をすることなどが大切です。

近年はオンラインゲームを含めた病的なネット依存が増加傾向にあり，韓国では2002年にゲームのやり過ぎによる死亡事故が起きるなど，ゲーム依存は各国で社会問題となっています。スマートフォンなどの普及でゲーム依存の問題が深刻化していることから，2019年に世界保健機関（WHO）は，ゲームのやり過ぎで日常生活が困難になる「ゲーム障害」を国際疾病として正式に認定しました*3。ゲームの使用を自分でコントロールができないほか，他の活動よりもゲームを優先する，生活の様々な面で問題が生じていてもゲームをやめられないことなどが診断の基準になるということです。一方，ゲーム以外のインターネット上のサービスについては疾病として認められていませんが，ネット動画を長時間見続けたり，バーチャルリアリティ（VR）の世界にのめりこんだりして問題が生じている人もいるでしょう。また，新たに依存性のあるサービスが出てくるかもしれません。ネット依存は今後も拡大し，深刻なものになる可能性が高いといえます。

ネット依存症やゲーム障害の治療には，行動記録を付けさせたり，患者どうしでインターネットの良い点と悪い点についてディスカッションすることで自分の認知の偏りに気づかせたりする認知行動療法や，ソーシャルスキルトレーニングを通して対人関係の苦手意識を取り除く方法などがあります。ネット依存症の重篤な症状が出ている場合は，生活リズムの改善を目的にした入院治療が必要になることもあります。また，治療後の再発を防止することも重要で，そのためには，本人の自覚と家族の支えが必要です*4。

1）ネット依存症の事例を調べ，どのようなアプリケーションが原因となりやすいかを考えてみましょう。

■参考URL

*1　https://www.soumu.go.jp/iicp/chousakenkyu/data/research/survey/telecom/2013/internet-addiction.pdf　総務省情報通信政策研究所：青少年のインターネット利用と依存傾向に関する調査

*2　https://www.cfa.go.jp/policies/youth-kankyou/internet_research/results-etc/r05　こども家庭庁：令和5年度「青少年のインターネット利用環境実態調査」報告書

*3　https://www.nikkei.com/article/DGXMZO45280950V20C19A5MM8000/　日本経済新聞：ゲーム依存は病気　WHO，国際疾病の新基準

*4　https://kurihama.hosp.go.jp/hospital/section/internet/treatment.html　久里浜医療センター：インターネット依存治療部門（TIAR）

3.4 情報と行政サービス

日本の電子政府・電子自治体構築計画

日本では，「行政機関の保有する情報の公開に関する法律」が2001年４月に施行され，行政機関の保有する行政文書の開示を請求する権利や行政文書の開示義務が規定されました。また国民の知る権利が保障され，マスメディアの報道に対する反論掲載などを要求するアクセス権も議論されるようになりました。

電子政府構築計画では，「利用者本位で，透明性が高く，効率的で，安全な行政サービスの提供」と「行政内部の業務・システムの最適化（効率化・合理化）」を図ることが目的とされています。図３-２は，その施策の基本方針の一部です。

その後，地方公共団体が保有する情報を相互に連携することで，ワンストップサービスの実現と国民一人ひとりに応じた情報を提供することや，利用者がスマートフォンなどを使って簡単かつ安全に各種サービスに利用者情報を利用できる仕組みの実現を目指すなど，利用者本位の電子行政の実現を目指しています*[1]。また，電子自治体の推進策には，クラウドコンピューティング技術を活用して地方公共団体の情報システムの集約と共同利用を進め，経費削減や住民サービス向上等を図る自治体クラウドなどがあります。また，2012年７月に示された電子行政オープンデータ戦略では，機械判読に適した形式で二次利用が可能なルールで公開された公共データを「オープンデータ」として定義し，行政の信頼性向上や国民参加の推進に活用する計画も進んでいます。

> **第２　施策の基本方針**
> **Ⅰ　国民の利便性・サービスの向上**
> １．行政ポータルサイトの整備，充実
> ２．ワンストップサービスの拡大
> ３．政府調達手続きの電子化の推進
> ４．オンライン利用の促進のための環境整備

図３-２　日本の電子政府構築計画の基本方針（一部）*[1]

行政サービスの電子化

電子政府のe-Gov（イーガブ）ポータル*2が，総合的な行政ポータルサイトとして開設されています。このサイトには，電子申請，法令検索，データポータル，パブリック・コメント，文書管理，個人情報保護の６つのカテゴリがあります。「電子申請」では行政機関に対する申請・届出の手続きができ，「パブリック・コメント」では意見の提出や募集状況などの確認ができます。「法令検索」では施行されている法令を検索でき，「データポータル」では行政機関のオープンデータを横断的に検索できます。

2002年６月，岡山県新見市にて日本で初めての電子投票が行われて以降，2017年１月に青森県六戸町で行われるまで25か所で実施されました*3。しかし，これらの電子投票は，有権者が投票所に行ってタッチパネルなどで投票するものだったため，これ以降８年間に渡って実施されていません*4。これでは開票時間は短縮されますが，有権者に利点がありません。インターネットを利用するなどして，投票所に来ることが困難な人に役立つものになることが期待されます。

また，マイナンバーカードの普及によって，住民票の写しなどの証明書類をコンビニからマイナンバーカードで取得できるようになりました。そのため，他人の証明書の誤発行や，特殊詐欺による個人情報漏えいなどに対する予防対策がとても重要になります。

1）電子政府のサービス内容を調べてみましょう。

■参考URL

＊1　https://www.soumu.go.jp/johotsusintokei/whitepaper/ja/h25/pdf/n5600000.pdf　総務省：平成25年度情報通信白書（第５章第６節）

＊2　https://www.e-gov.go.jp/　総務省：e-Gov 電子政府の総合窓口

＊3　https://www.soumu.go.jp/senkyo/senkyo_s/news/touhyou/denjiteki/denjiteki03.html　総務省：電子投票の実施状況

＊4　https://policy.doshisha.ac.jp/policy/keyword/2024/0301.html　武蔵勝宏：電子投票は過去のものか，同志社大学，2024

3.5 情報と文化

電子化された社会教育施設

社会教育施設の所蔵物を電子化してそれらのデータを公開しているWebサイトには，電子図書館，電子美術館，電子博物館などがあります。

Web上で存在する青空文庫*1などの電子図書館はバーチャル図書館ですから，物理的な制約を受けることはありません。電子図書館にアクセスすれば，世界中の人々が，いつでも所蔵物を検索，閲覧，鑑賞したり，さまざまな研究活動に役立てたりできるようになっています。

国立国会図書館の電子図書館のポータルでは，画像データベースや重要文化財，彩色資料等の画像データを検索，閲覧することができ，国内各機関が公開するデジタルアーカイブを統合検索できるシステムであるデジタルアーカイブポータルも設けられています。

電子美術館・博物館では，時代別，作者別などの分類がなされていて，世界中の作品を比較しながら鑑賞することができます。また，さまざまな方向から見た作品やその細部を電子化することによって，実際の美術館や博物館では見ることのできない姿を鑑賞することができます。一方，美術館や博物館にとっては，所蔵物の電子化は，「公開」「保存」「修復」を並立させる問題のむずかしさを緩和させることに役立っています。また，CD-ROMや，ポスター，絵葉書などの制作を容易にしたため，これらを商用利用することで施設維持のための費用を得ることにも役立っています。

電子出版と電子書籍

グーテンベルクらが印刷技術を発明して以来，出版は紙を利用して行われてきましたが，デジタル技術の発展によって20世紀末ごろには紙を使わない出版形態として電子出版が生まれました。電子出版によって発行される電子化された書籍が電子書籍です。

電子書籍には，書籍をDVDなどにパッケージ化して流通させるものと，インターネットを介してデータだけを流通させるものがあります。前者のパッケージ化したものには，電子辞書や電子百科事典があります。電子辞書はあらかじめ小型の専用端末に組み込んだ状態で販売されているものも多く，海外旅行などの持ち運びに便利です。後者は，インターネット上の書店から電子書籍を読書端末にダウンロードして読みます。読書端末としては，専用読書端末（または読書専用端末），パソコン，スマートフォン，タブレット端末などを利用することができます。電子書籍といえば，後者を指すことが多くなりました。

電子出版によって，出版社は，在庫を抱えることも書籍を書店まで配送することも必要がなくなり，在庫や流通にかかる経費を大幅に削減できるようになりました。そのため，少数部数の出版，雑誌のバックナンバーや絶版書籍の再出版が可能になりました。また，出版までの時間を短縮できるため，読者の要求に応じて迅速に出版するオンデマンド出版もできるようになりました。

電子書籍は，読者にとっても，従来の書籍より安い価格で，インターネットにさえつながっていれば，いつでもどこからでも入手して読むことができるという長所があります。電子書籍であれば，これまでの書籍のように保管するための本棚は必要ありませんし，これまで入手が困難だった絶版書籍や品薄書籍でも新刊書と同様にすぐに入手することができます。

良いことばかりのように思える電子書籍ですが，読書のためにモニタ画面を長時間見ることによる眼精疲労や脳への負担を指摘する研究結果があるので，注意が必要です。

1）電子美術館として公開されているものを検索し，実物の鑑賞との違いについて考えてみましょう。
2）電子書籍が普及することによって，従来の書店，古書販売業者，図書館の役割にどのような変化が起こるかを考えてみましょう。

■参考URL

＊1　https://www.aozora.gr.jp/　青空文庫：インターネットの電子図書館
＊　https://www.ndl.go.jp/　国立国会図書館
＊　https://www.louvre.fr/　Musée du Louvre：ルーヴル美術館
＊　https://www.paburi.com/paburi/　日本電子書籍出版社協会：電子文庫パブリ

3.6 情報と医療

医療情報の電子化

社会の高齢化が進展していく中で，保健，医療，福祉の充実に多くの関心が集まっています。2001年に始まったe-Japan戦略では，公共分野の情報化の一つとして保健，医療，福祉分野の情報化があげられ，その重点計画－2002*[1]では，医療分野のIT化として，オーダリングシステムの導入，電子カルテの普及促進，レセプトのオンライン化，遠隔医療システムの整備支援などが謳われています。

また，2011年に発表されたi-Japan戦略2015*[2]では，医療・健康分野を3大重点分野の一つとしています。この分野では，①地域の医師不足等の医療が直面する問題への対応，②日本版EHR（Electronic Health Record）の実現の2つが目標としてあげられており，②には，処方箋，調剤情報の電子化が含まれています。

医療情報システム

オーダリングシステムは，医療現場における一部の業務を電子化するシステムで，具体的にはこれまで医師が紙に書いていたオーダ（検査内容や処方箋）をコンピュータに入力することにより，関連部門の業務とも連動させて，それ以降の診療から医事会計に関わる処理・業務を迅速化させ，病院業務の省力化とサービス提供の時間短縮をめざすものです。

電子カルテが普及すれば，医療機関が相互接続によって各個人の生涯電子カルテとして共有し，診療情報の伝達経路の短縮，時間や空間の制約のない医療スタッフへの迅速かつ正確な情報の提供，連携先医療機関とのより効率的なチーム医療が可能となります。また，省スペース化と省力化による医療コストの削減，患者へのサービスの向上，地域医療連携や医療事故要因の排除などに寄与することができると考えられています。

レセプトは，医療機関が各健康保険組合に対して，患者負担分を除く診療報酬を請求するための書類で，これを電子化，オンライン化することで，医療事務の効率化，省力化，転記ミスの防止などに役立ちます。レセプトのオンライン化は，多くの医療機関で行われています。

遠隔医療システムの整備

情報技術の積極的な活用として，病院内の診療情報の電子化，断層撮影システム（CTスキャン），遠隔医療（telemedicine）の充実が期待されています。遠隔医療は，ネットワークやテレビ電話などを利用して，離れている病院どうしや遠隔地の患者との間で医療情報を共有してサービスを提供します。その際，それらに伴う個人情報保護やセキュリティの問題などの対策を含めた社会基盤の整備が，今後の課題として考えられます。

旭川医科大学病院*3では，1994年から遠隔医療に取り組んでいます。2009年，総務省・厚労省「遠隔医療モデル事業」に北海道が認定され，旭川医科大学は，道内10医療機関と遠隔医療ネットワークで結んで遠隔医療支援を始めました。また，従来の2次元の検査の映像を3次元化し，患部の奥行きを正確に把握できる技術を開発しています。

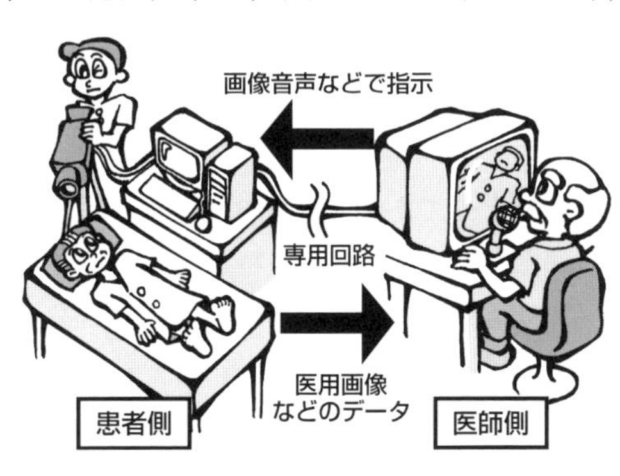

図3-3　遠隔医療の概念

演習　1）検索サイトで遠隔医療の事例を調べてみましょう。

■参考URL

＊1　https://www.dl.ndl.go.jp/view/prepareDownload?itemId=info%3Andljp%2Fpid%2F3517560&contentNo=1　IT戦略本部：e-Japan重点計画-2002

＊2　https://www.kantei.go.jp/jp/singi/it2/kettei/090706honbun.pdf　IT戦略本部：i-Japan戦略2015～国民主役の「デジタル安心・活力社会」の実現を目指して～

＊3　https://enkaku.asahikawa-med.ac.jp/tc/html/tc-home.htm　旭川医科大学病院遠隔医療センター

3.7 情報と福祉

バリアフリーとユニバーサルデザイン

障害者が利用することに配慮されていない生活環境がまだ多くあります。これらは障害者が自力で生活することを妨げるバリア（障壁）となります。このバリアを取り除くことをバリアフリーといいます。たとえば，歩道の段差をなくし，階段の横にスロープを作ったりエレベータを設置したりすることがあげられます。また，初めから，障害者も健常者も含めたすべての人々にとって利用しやすい生活環境や生活用品を設計しようとする考え方が広まっています。この考え方をユニバーサルデザインといいます。

情報バリアフリー

情報社会において，障害者や高齢者が自分で情報を受信し，利用し，発信することはとても重要です。しかし，それを妨げるバリアはまだ多く残っており，それらを取り除くことを情報バリアフリーといいます。情報バリアフリーは，障害者や高齢者の仕事やコミュニケーションの機会を増やし，生活の質的向上に役立ちます。

肢体不自由者のための情報バリアフリーとして，コンピュータを利用するための各種のポインティングデバイスが開発されています。たとえば，足で操作するフットマウス，首の動きで操作するネックマウス，呼吸によって操作する呼気スイッチなどが開発されています。視覚障害者のための情報バリアフリーとして，パソコンのOSには，モニタ画面の見たい部分を拡大したり，白黒を反転させて黒地に白い文字で表示したりする

機能があります。また，Webページや電子メールの文章を合成音声で読み上げてくれる音声読み上げ（読み取り）ソフトや，プログラムの起動や文字入力を音声で行える音声入力（音声認識）ソフトがあり，これらを利用するとまったく視力のない人でもパソコンを使うことができます。

福祉のための情報技術

介護従事者の負担軽減の観点から，介護におけるロボット技術の活用が期待されています*1。経済産業省と厚生労働省は「ロボット技術の介護利用における重点分野（2017年改訂）」を公表し，ベッドなどの移乗介助，歩行などの移動支援，排泄支援，見守り・コミュニケーション，入浴支援，介護業務支援の6つの重点分野を設けて，開発と導入の支援を行っています。

街角や地下街の案内板から情報を得られない視覚障害者に対して，それらの情報を音声で案内するシステムがあります*2。また，ラジオの微弱電波を使って，視覚障害者が持つラジオで音声案内をするものもあります。同様のシステムで，車椅子を利用している肢体不自由者に，通行可能な道順を案内するものもあります。身体障害者の外出をサポートするWebページ*3や，車椅子用トイレの位置情報を示した車椅子トイレマップを公開している自治体や団体があります。

1）音声読み上げソフトと音声入力ソフトについて，どのような機能が実現していて，どのような課題が残っているかを調べてみましょう。

■参考URL

＊1　https://robotcare.jp/jp/home/index　日本医療研究開発機構：介護ロボットポータルサイト
＊2　http://project-ui.com/　特定非営利活動法人プロジェクトゆうあい
＊3　https://www.ecomo-rakuraku.jp/ja/　交通エコロジー・モビリティ財団：らくらくおでかけネット
＊　https://www.normanet.ne.jp/　財団法人日本障害者リハビリテーション協会：障害者情報ネットワーク　ノーマネット
＊　https://barrierfree.nict.go.jp/　情報通信研究機構：情報バリアフリーのための情報提供サイト

共生（ともいき・きょうせい）

望ましい社会の姿として，人は皆「肌の色・生まれたところ・信条にかかわらず平等である」との考えに異論を唱える人は少ないでしょう。また，障がい者と健常者，高齢者と若者とがともに社会の一員として社会を形成するのも人々の幸せであるといえます。学校教育の場で，障害を持つ児童や生徒だけを集めた分離教育から，障害も一つの個性としてともに学びの場にあることを是とする統合教育の事例が増えてきました。障害の有無にかかわらず，日常生活に共生できる街づくりの気運が高まっています。情報社会の発展においても，情報機器やインターネット環境が社会インフラとなっていく中で，情報格差が生じる社会にしてはいけません。

2006年12月13日に，世界の障害者団体が中心となって進められた「障害者の権利に関する条約」（略称：障害者権利条約）が国連総会で採択されました。この条約では，障害があるがゆえに孤立していた障がい者に対して，人権を有する個人として尊重され，すべての社会的・政治的生活における完全参加と平等を保障する人権条約として国際法となります。

この条約が人権条約といわれるのは，「障害福祉や機能回復支援に関する法や施策」の観点ではなく，「障害は個人の事情ではなく社会にある」といった視点から採択されたことにあります。障害を人それぞれの個性や人間性の一部を捉え，ともに社会に生きる一員であるとの考えに立っているからです。2007年９月，日本国政府は条例承認に署名し，2014年２月に批准書を寄託し，同年２月19日に同条約は我が国について効力を発生させました。

この条約では，障がい者へのアクセシビリティの保障と情報通信技術（ICT）を活用することを次の条文の中に位置づけています。

「コミュニケーション（２条）」「一般的義務（４条）」「アクセシビリティ（９条）」「表現，意見表明，情報へのアクセス（21条）」など。

この条約の趣旨に沿って情報通信技術やインターネット環境の進展が実現すれば，障がい者も健常者とともに，さまざまな社会参画を果たし責任を負うことになり，障がい者の活動を広げることになるでしょう。

第4章 インターネットとビジネス

インターネットの急速な普及は，私たちの生活の広い分野に大きな影響を与えています。特に，インターネットをビジネス用途に利用することができるようになって，商業・経済活動の幅広い分野で活用されるようになってきました。

ビジネスの方法や形態が変わってくるとともに，私たち個人もインターネットを通して，企業や商店などからサービスを受けることが増えてきています。

この章では，私たちの生活を便利にするインターネットショッピングやオークション，さらには,電子マネーやネットバンキングについて説明します。一方，売買トラブルなどの課題があることに触れ，私たち一人ひとりが心得ておくべきことや，消費者保護のための法制度について考えていきます。

4.1 インターネットビジネス

インターネットビジネスの革新

もともと軍事・研究用に開発されたインターネットが商用に利用できるようになって以来，製造業からサービス業まで，幅広くビジネスに大きな影響を与えてきました。

情報通信技術（ICT）全般において小型化・大容量化・高速化などの目覚ましい技術的進歩がありました。特に情報通信ネットワークでは，通信速度の高速化・大容量化に伴って，文字や画像に加えて動画や音声などのコンテンツを手軽に送受信できるようになりました。また，コンピュータが内蔵された様々なモノ（スマート家電，自動運転車など）がインターネットで結ばれたIoT環境が少しずつ整ってきました。かつて話題になったユビキタス・コンピューティングは，あらゆるモノにコンピュータが組み込まれ，人とモノがつながって，モノが人にサービスを提供するものでした。それに対して，モノのインターネットと訳されるIoT（Internet of Things）は，コンピュータが組み込まれたモノどうしが，インターネットにつながって連携し，人にサービスを提供するようになります。

これに関連して，端末のGPS装置によって位置情報を把握することが容易となり，コンテンツ情報に位置情報を紐づけることで従来は考えられなかった新たなサービスを提供できるようになりました。情報発信の面では，ブログやSNSなどのソーシャルメディアが普及し，消費者が生成した大量の情報が蓄積・交換されるようになりました。

サービス事業者が，自社のコンピュータ機能（ストレージやアプリケーション）を，インターネットを通して提供するクラウドコンピューティングの技術が進歩し，消費者がこれらの資源を手軽に利用できるようになりました。また，ネット上での消費者の行動履歴などの膨大な量のデータ（ビッグデータ）が蓄積され利用できるようになりました。これらの情報を分析して有用な知見を創出する技術（データ・マイニング）のビジネスでの活用も進んでいます。

注目される電子商取引

インターネットビジネスの中でも，注目されているのが電子商取引（eコマース，ECともいいます）です。電子商取引とは，受発注がコンピュータネットワークシステム上で行われる商取引のことです。インターネットを利用したものを狭義の電子商取引，インターネットだけでなく自社専用のコンピュータネットワークも含めたネットワークを利用したものを広義の電子商取引として区別する場合があります。

電子商取引は，取引の主体（誰が・誰と）の違いによって，以下の3つに分類することができます。

(1) 企業間の取引「B to B」(Business to Business)

企業が電子ネットワークを通して相互に情報を交換し原材料や製品の受発注を行うことは，インターネットの商用利用がさかんになる以前から行われていました。しかしそれは，おもに系列企業や同業種の企業のみが接続されている「閉じた」ネットワーク内での取引に限られていました。インターネットの技術に基づいて企業内ネットワークを構築すること（イントラネット）や他の企業とも相互接続して業務を行うことがさかんになるとともに，取引の種類や規模が拡大しています。

(2) 企業と消費者の間での取引「B to C」(Business to Consumer)

企業—消費者間（B to C）の取引としては，買い物（ショッピング），旅行やコンサートのチケット予約など，インターネットショッピングに代表されるもので，私たちにとっても身近なものです。書籍や音楽のように気軽に購入できる商品から，自動車や不動産のような高額なものまで，多種多様な物品が取引されるようになっています。最近では，コンピュータソフトウェアや音楽のダウンロード販売など，いわゆるデジタルコンテンツのネット配信が人気を集めています。近年，この分野は成長が目覚ましく，インターネットなどを経由した通信系コンテンツの市場は3兆円に迫る規模に拡大しており，特にゲームソフトを中心とした映像系ソフト市場が大きく成長しています*1。

(3) 消費者間の取引「C to C」(Consumer to Consumer)

インターネットの特徴である，誰でも手軽に情報を世界に向けて発信できることを利用して，個人で「売りたい」「買いたい」情報を発信して，品物を売買したり交換したりすることが増えてきました。このような消費者どうしの電子商取引をCtoC eコマースといいます。CtoC eコマースを実現するものとして，フリマアプリやネットオークションがあります。

フリマアプリでは，会員登録した消費者が，不要なものを出品して売ることができます。使用可能な物品を無駄に廃棄せずにすみ，有効利用できる利点があります。その反面，開封後の化粧品として，高級化粧品の容器に別の化粧液を入れて売るなどの偽物の出品，現金や妊娠菌付き白米などの法に触れる出品が行われることがあります。「買う人がいたから売った」「売る人がいたから買った」などの言い訳は通りません。

インターネットオークションは，インターネット上で気軽に競売（せり）に参加できることで，人気を集めています。インターネットオークションには誰でも商品を出品できて（通常は出品料が必要），それをインターネットで広く入札するフリーマーケットのようなものと，主催者側があらかじめ商品を用意して競売スケジュールを指定・公開して行われるものとがあります。

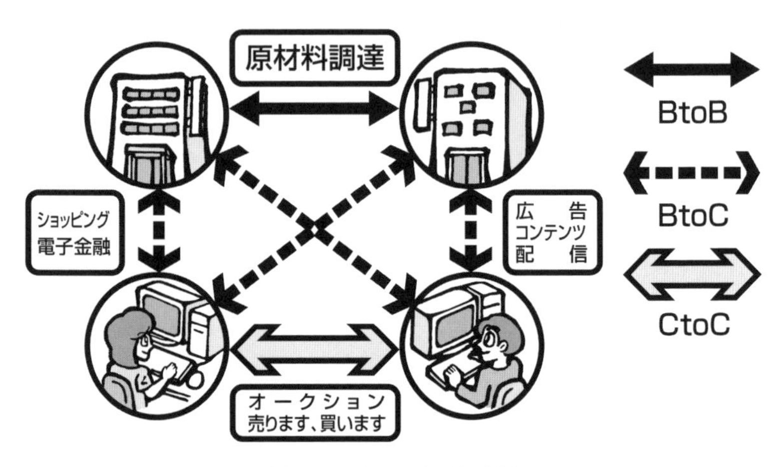

図4-1　電子商取引の概念

電子商取引の課題

電子商取引は，今後の経済活動の広い分野を活性化させるものと期待されていますが，以下にあげるようないくつかの解決・改善すべき課題もあります。

①魅力ある商品やサービスの提供

②ユーザ認証や不正アクセス対策などのセキュリティの向上

③安全な決済手段・方法の確立

④ネット詐欺などの被害にあわないための消費者への啓発の推進

インターネット広告の種類

インターネットを活用した広告の掲載・配信の動きが広がっています。テレビなどの広告と比べて安価な制作費，アクセス回数などのデータから広告の効果を統計的に分析できることに加え，ユーザに対して能動的な反応をうながすことで購買に導くことができる利点などもあります。

たとえば，Webページで長方形の枠に表示される画像形式の広告であるバナー広告やメールを広告媒体として利用するメール広告などが以前からありました。これらの他，静止画を利用するバナー広告より表現力が高いといわれる動画広告，成功報酬型広告と呼ばれるアフィリエイト・プログラム，ブログやSNSを通じて商品に関する記事を書いてもらい口コミを伝播させるバイラル広告など，インターネット上の広告は技術発展とともにさまざまな形態で展開されています。

1）各種インターネットビジネスの中でどんなビジネスの規模が近年成長しているかについて調べてみましょう。

2）インターネットがビジネスの世界に与えた影響をふり返り，今後さらにどのような成長・進化を遂げるかについて考えてみましょう。

■参考URL

＊1　https://www.soumu.go.jp/johotsusintokei/whitepaper/ja/h28/html/nc251830.html　総務省：平成28年度版情報通信白書

＊　https://www.soumu.go.jp/johotsusintokei/whitepaper/h25.html　総務省：平成25年度版情報通信白書

4.2 インターネットショッピング

インターネットショッピングの仕組み

インターネットビジネスのうち，企業対個人のB to Cの形態になるものがインターネットショッピングです。対面での販売は，お店に買い手が出かけて商品を吟味しお金を払います。インターネットショッピングではこれらの手順をすべてインターネットのWebページで行うことができます。

品物ではなく，本や音楽などのデータをダウンロードし，パソコンやタブレット端末などの情報通信端末で見たり聞いたりすることもできます。また，端末や通信環境の性能が良くなったこともあり，ダウンロードではなくストリーミング配信で楽曲や動画を配信することも増えています。他には，旅行や宿泊といったサービスも販売されています。

インターネットショッピングの特徴

(1) 企業にとっての利点・欠点

現在では多くの企業がインターネットショッピングを行っています。それは企業にとってメリットがあるからです。第一に，店舗が不要なことです。商品を陳列する空間や費用がかからないので，商品の発送さえできればコンピュータ1台でも商売を始められます。第二に，顧客が全世界にいることです。すなわち，顧客の層が広がることで，商売が成り立つ可能性が高くなります。人気を集めている例として，伝統工芸の品物，産地直送の食品，さらにはオーダーメイドの時計，サブカルチャー系の商品などがあげられます。店頭・カタログ販売では，コスト節約のため大量生産，大量販売という形態をとるのが主流でしたが，それは同時に顧客の多様なニーズにこたえることを困難にしていました。インターネットを通じた販売では，従来ならできなかったようなきめ細かい注文が可能なことも強みです。近年では，ハンドメイドの作品を委託販売するという形態で扱うこともあり，多様なニーズにこたえる一つの方法となっています。

表4-1　インターネットショッピングの特徴

	長所	短所
企　業 (売る側)	低コストで商売ができる。世界中の顧客を相手に商売を始めることができる。	顧客とのトラブルのリスクが増す。
消費者 (買う側)	家にいて買い物をすることができる。	実物を目の前で見ることができない。

しかし，メリットばかりではありません。注文情報だけで取引することになりますから，代金の支払いトラブル，商品の配送中の破損，顧客の思い違いによるトラブルなど，対面での販売以上にトラブルのリスクが増えます。また，ネット上には商品や企業についての口コミ情報が数多くあります。口コミ情報をうまく活用すれば，効果的な商品の宣伝になりますが，商品に少しでも欠陥があったり顧客への対応に問題があったりすると，またたくまに自社に不利益となる情報が広まってしまいます。インターネットショッピングに参加するうえで，インターネットの特性を十分理解しておくことが必要不可欠です。

(2) 消費者にとっての利点・欠点

消費者にも，インターネットショッピングには利点と欠点があります。

利点としては，その場所に出かけなくても買い物ができることです。地域限定や海外の商品を手に入れるにはとても便利です。また，書籍や音楽のダウンロード販売では，物が増えなくてすむという利点もあります。動画配信サービスを利用すれば，映画やテレビ番組を移動中に視聴することも可能です。一方，最大の欠点としては，購入する前に実物を目の前で見ることができないということがあげられます。洋服やインテリアなど，思ったものと違ってもなかなか気軽に返品できるものではありません。

また最近では，口コミ情報サイトなどを利用して，商品の評判や価格情報を入手してから購入を検討する人が多くなりました。あらかじめ商品の情報を得られるという点で口コミ情報はたいへん便利ですが，口コミ情報は書き込んだ人それぞれの主観によるということは忘れてはいけません。

インターネットオークションやフリーマーケットサービスの特徴

企業から買うのではなく，個人が不要になった品物をネット上で購入するインターネットオークションやフリーマーケットサービスもさかんです。アプリケーションを通じて出品し，落札されたら個人間で連絡を取り合って代金を受け取り，品物を発送するというケースが多いようです。

買う側にとっての利点は，レア物を入手できる，市価より安く購入できるなどがあります。売る側としても，全国のコレクターを相手にできるので，レア物なら高値で売ることが期待できます。欠点は，お互いに相手の姿が見えないことです。今までの取引評価などを参考に，相手の信用度を確かめるのがよいでしょう。また，オークションサイトには，トラブルを避けるための注意事項なども載っていますから，読んでおくことをお勧めします。

売買トラブル

インターネットショッピングでは，消費者は企業に個人情報を渡すことになりますし，企業は消費者を信用して商品を届けることになります。売り手と買い手が互いに信用することで成り立っているビジネスですが，トラブルも起こります。

トラブルとして，代金を振り込んでも商品が届かずショッピングサイトや出品者に連絡がとれない（雲隠れ），注文した商品と届けられた商品が違う，個人情報が流出してしまい，その情報を使われて被害にあうなどがあげられます。ネット上では誰でもわずかな資金で開店できるため，Webページの様子だけでは店の経営状態や信用度を把握しにくいのが現状です。

そこで，商取引の安全性を確保することを目的に，信頼のおける第三者を仲介して取引をする，エスクローサービスが取り入れられています。エスクローサービスを提供する事業者は，買い手から代金を一時的に預かり，それを受けて売り手が商品を発送します。買い手が商品をまちがいなく受け取ったことを確認した後，事業者は売り手に送金します。買い手にとっては，届いた商品に問題があれば，事業者から代金が返金されるため，代金引換よりもリスクが低くなります。また，CtoC eコマースであるオークションやフリーマーケットサービスにも利用されています。

仕組みの理解が大切

2001年6月に施行された，特定商取引に関する法律（特定商取引法）では，インターネット上の通販業者に対して，広告掲載上の義務を課しています。ショッピングサイト上のわかりやすい場所に，事業者名と責任者の氏名，住所や電話番号などの連絡先，代金の支払い時期と方法，商品の引渡し時期，返品の条件など，特定商取引法に基づく表記が必要となります。しかし，十分な表記がなされないまま営業を続けている業者もあり，被害は絶えません。インターネットショッピングにおいて被害を受けた場合，一般には，その通販業者に対して責任追及をしていくしかありませんが，その業者の正体がわからないなど，被害者を救済できない場合もあります。

法律の整備や事業者団体による自主的な取り組みが行われていますが，消費者による自衛も不可欠です。注意点としては，特定商取引法に基づく表記がないショッピングサイトを利用すべきでないことに留意しましょう。さらにクレジットカードの不正利用により生じたトラブルもあることから，カード番号はもちろん，個人情報などを安易に相手に知らせないように注意することも必要です。

また，オークションサイトでは，わざと誤認を誘う説明を書いて出品したり，実物とは異なる写真を載せて出品したりして，落札者が被害にあうことがあります。オークションサイトによっては，被害にあったときに補償してくれる制度もありますが，被害者側にも落ち度があった場合（オークション外取引など）は対象外となる場合もありますから，必ず利用規約に目を通しておきましょう。

取引相手に対する信用の可否が，インターネットビジネスに共通する課題です。できる限り多くの情報を入手して「信用度」の判断材料にしましょう。

1）日本通信販売協会*[1]の「オンラインマーク」について調べてみましょう。
2）実際にあるエスクローサービスについて調べてみましょう。

■参考URL

＊1　https://www.jadma.org/　日本通信販売協会

4.3 電子マネーとネットバンキング

電子マネーの分類

電子マネーとは，私たちが買い物などに際して支払うときに使う「お金」の機能を電子情報に置き換えて，決済機能を持たせる仕組みです。電子マネーにはいくつかの分類方法がありますが，その価値の電子情報がどの媒体に存在するかによってICカード型とネットワーク型に分類できます。支払い方法の違いに着目するとプリペイド型とポストペイ型に分けられます（図4-2）。

(1) ICカード型電子マネー

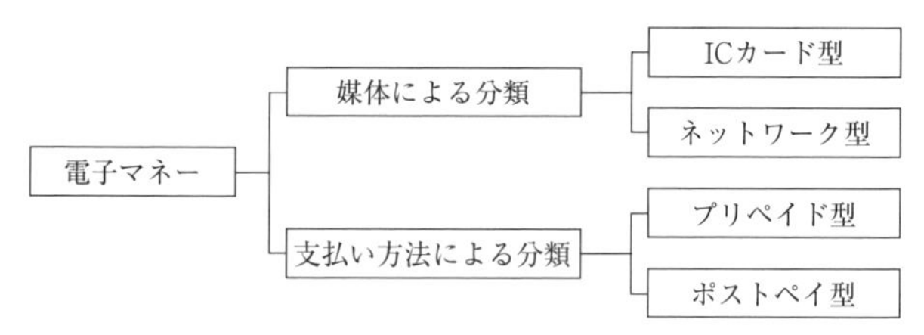

図4-2　電子マネーの分類

カードにICチップが埋め込まれたものです。このICチップには決済を行うのに必要な情報が記録されています。ICカード型はさらに，カードを読み取り機に挿入するためセキュリティ面に優れた接触型と，読み取り機にかざすだけで使える非接触型に分けられます。最近では手軽で便利な非接触型カードに加えて，その機能を内蔵したスマートフォンが普及し，交通系や小売系での決済に広く用いられています。

(2) ネットワーク型電子マネー

パソコン等の端末に移動させた通貨価値を電子現金としてネットワークを通して送信することによって支払いを行います。通常，この電子現金は発行主体によって通常の通貨と交換することが保証されていますが，原理的にはネット上のみで通用する通貨を用いることも可能です。インターネット上でネットワーク型の電子マネーを流通させるには，偽造・改ざんなどの不正行為や「なりすまし」などへの対策が施されていることが必須です。これらのことを実現するために重要な役割を果たしているのが暗号技術です。

(3) プリペイド型電子マネー

事前にICカードに入金（チャージ）しておいた額までの買い物やサービスを受けることができる前払い方式です。お店で買い物をする際にその情報が読み取られ，送信されることによって決済が行われます。金額を使い切ると，銀行の自分の預金から必要な額を引き落とし，カードに入金することによって買い物を続けることが可能となるものもあります。

(4) ポストペイ型電子マネー

後払い方式なので事前に入金する手間が必要ありません。それぞれのポストペイ型の電子マネーに対応したお店で，チャージをすることなく決済することが可能です。決済はクレジットカードを「親」，電子マネーを「子」として，親であるクレジットカードの利用分とあわせて後日，精算（引き落とし）されることになります。ポストペイ型は，クレジットカードと連携する必要があるので，原則クレジットカードを持っている人のみが利用可能となります。

これらの電子マネーのほかに，地域の商店街での買い物などで利用できる，ある地域でのみ利用可能な地域通貨を電子化した地域電子マネーがあります*1。

電子マネーは通貨にあらず

私たちは，電子マネーをあたかも通貨のように使いますが，実は通貨ではありません．プリペイドのICカード型電子マネーで考えてみましょう。

図4-3を見てください。消費者Aが，電子マネー発行事業者Bから10,000円分の電子マネー10,000ptを購入し，そのうちの1,000ptを使ってコンビニCで1,000円分の商品を購入します。通常は，このように感じます。

ところが，実際には電子マネーは存在しませんので，図中の破線矢印（電子マネーの移動）をすべて消してみましょう。

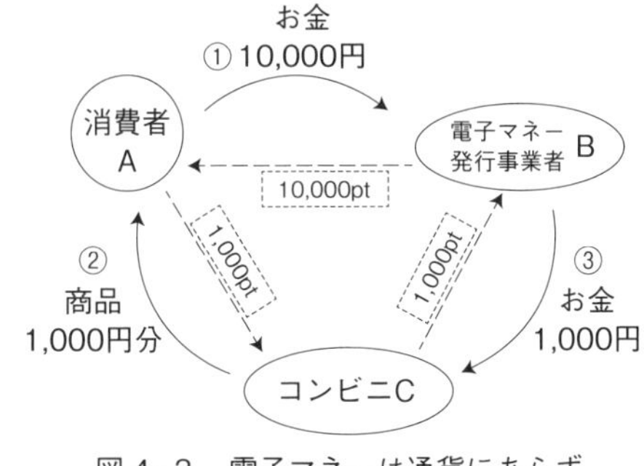

図4-3　電子マネーは通貨にあらず

①Aは，Bに10,000円を渡して，免責的債務引受契約を結びます。債務引受契約とは，この場合，Aの債務を10,000円までBが引き受ける契約です。免責的とは，Bが引き受けた債務は，Aが負う必要がない（免責される）ことを意味します。

②Aは，Cから1,000円相当の商品を手にします。このとき，AはCに対して1,000円を支払う債務が生じますが，その債務はBが引き受けることになります。それを証明するのが，ICカードの情報です。

③Cは，それを根拠に，Bに1,000円の債務を請求し，Bが支払います

プリペイドのICカード型電子マネーは，Aにとっては前払いですが，Cにとっては後払いになっています。

ネットバンキング

インターネットを利用したビジネスは，品物の取引だけでなく，お金そのものを扱うようになっています。預金の預け入れや引き出しについては，現金の移動を伴うためにATMや銀行の窓口を利用しなければなりません。しかし，振り込みなどについては，振り込んだ側の預金金額を減らし，振り込まれた方の預金を増やすという情報を操作すればいいので，ネット上で十分に対応できます。また，口座の残金確認や住所変更などの手続きもネット上でできます。

銀行としては，人手がいらず，窓口・ATMの混雑の緩和につながるというメリットがあります。そのため多くの銀行で，インターネットを利用した振り込みの手数料などは通常より安く設定しています。顧客にとっては，在宅のまま振り込みなどの手続きができ，また手数料も安くすむといったメリットがあります。

なお，口座の残高確認や取引の状況確認などもネット上で行えるため，多くの銀行で無通帳の口座（Web通帳）を設けています。通帳発行や記帳の手続きがいらないので，Web通帳の利用者に対し，ATMでの手数料無料や預金金利のアップなどの優遇が行われる場合があります。

さらに，コンビニなどのATMと連携して，店舗を持たないネット専用の銀行もあります。通常の銀行に比べて手数料が安いことが多く，オークションなどの振り込みにも利用されています。また，携帯電話やスマートフォンなどの携帯端末から手軽に利用できるモバイルバンキングの利用も増えています。

銀行ではありませんが，金融関係では，ネット上で株や投資信託の売買を行うオンライントレードもあります。リアルタイムに取引ができるので，短期の売買を繰り返すデイトレーダーと呼ばれる個人投資家も増えています。

ネットバンキングのセキュリティ向上策

(1) 本人認証の強化

なりすましによる不正行為を防ぐためには強力で信頼性の高い本人認証システムが必須です。ワンタイムパスワード（一回限りの使い捨てパスワード）やスマートフォンを用いた個人認証を利用する方式も使われています。

(2) サイト認証の強化

インターネット上に仕組んだ偽のサイトに誘い込む不正行為（フィッシング）が後を絶たないため，2012年の不正アクセス禁止法改正により取り締まりが強化されました。また，ネットバンクのサイトが正規のものであることを確認する手段を，従来のSSL／TLS証明書以上に強化する動きもみられます。

(3) 不正取引検知システム

利用者の過去の取引パターンに基づいて不正取引を判定・検出するシステムを導入する金融機関もあります。不正とみなされた場合は一時的に取引指示を保留する，１回の取引の限度額を制限する，などが可能です。

(4) 利用者におけるセキュリティ強化

不正なサイトやメールなどにだまされないように利用者のセキュリティリテラシーを向上するための啓発をさらに広める必要があります。顧客の利用中にリアルタイムでセキュリティを監視する，キーボードからの入力を盗まれないようにソフトウェアキーボードで暗証番号をマウスで入力するなどの対策もあります。

1) 現在利用できる電子マネーのそれぞれの型別に調べて，そのサービスを比較してみましょう。
2) ネットバンキングを調べて，インターネット上でどのようなことができるのか調べてみましょう。

■参考URL

＊1　https://www.nttbizsol.jp/knowledge/expansion/202304101100000871.html　ＮＴＴビジネスソリューションズ株式会社：デジタル地域通貨の自治体事例５選！

4.4 インターネットビジネスにおける消費者保護

電子商取引の発展と消費者保護

オンラインショッピングやCGMサービスの提供など，インターネットを活用した消費者向けの電子商取引は大きく成長しています。それに伴い，電子商取引に特有のさまざまなトラブルが，事業者と消費者の間で起きています。CGM（Consumer Generated Media）とは，消費者が参加してコンテンツが作られるメディアのことで，ネットショッピングでの口コミ（購入者の感想など）やフリーマーケットサービス，ネットオークションもCGMサービスです。

消費者が安全に取引できるように，広告表示や契約など，取引の各段階に関連する法律の改正や新たな法律の制定がなされています。たとえば，不当景品類及び不当表示防止法（景品表示法）では，消費者が適正に商品・サービスを選択できる環境を守るために，不当な表示や過大な景品類の提供を規制しています。

電子商取引における多様な課題に対して，法規制だけでは限界があります。事業者団体による自主的な対応や技術的な解決策と組み合わせたり，第三者機関や消費者自身の適切な対応をうながしたりすることも必要です。

取引の段階	関連法令
広告表示	景品表示法 特定商取引法 特定電子メール法 著作権法
顧客情報の取得・管理・利用	個人情報保護法 不正アクセス禁止法
契約	特定商取引法 電子消費者契約法
決済	

図 4 - 4　電子商取引の各段階と関連法令

特定商取引に関する法律

特定商取引に関する法律（特定商取引法）は，訪問販売や通信販売など，事業者と消費者との間でトラブルを生じやすい特定の取引について，トラブル防止のルールを定めて，事業者の消費者との取引の公正を確保するための法律です。電子商取引は，通信販売として適用されます。

事業者に対しては，商品の価格や引き渡しなどに関する情報の表示の義務と誇大広告の禁止が定められています。また，有料の申し込みになることを消費者に明示した画面上で説明することと，消費者が申し込みをする際に内容の確認と訂正ができるようにすることも定められています。ただし，通信販売には原則としてクーリング・オフ制度がないことに注意する必要があります。

さらに，消費者の意に反して一方的に事業者が広告目的の電子メールを送ることを防止するため，インターネットを利用した広告も規制対象となるよう，2008年に改正されました。具体的には，事前に消費者の承諾を得た場合でないと広告メールを送信してはいけないこと（オプトイン方式）と，消費者の承諾を得たという記録を保存することが事業者に義務づけられました。また，特定電子メール法においても同様の広告メールに対する規制があります。

電子消費者契約法

電子消費者契約及び電子承諾通知に関する民法の特例に関する法律（電子消費者契約法）は，事業者と消費者との契約に関するトラブルを解消するために定められた法律です。2001年12月に施行されました。

たとえば，消費者が操作を誤ったために，購入するつもりがない商品を注文してしまったり，購入する数量をまちがえてしまったりした場合，この法律によって，消費者は申し込みを無効にすることができます。そのため事業者側は，契約内容を確認して訂正できるようにする画面を設けるなど，操作ミスを事前に防止するための措置を講じなければ，消費者による操作ミスを理由に契約が無効になることがあります。

また，事業者からの申し込み承諾の通知が消費者に届かなければ契約は成立しません。これによって，トラブルなどで申し込み承諾を連絡するメールが到着しなかった場合の消費者側のリスクが軽減されました。

1）特定商取引法で表示が義務づけられている情報について調べてみましょう。

■参考URL

＊　https://www.no-trouble.go.jp/　特定商取引法ガイド

＊　https://www.meti.go.jp/policy/it_policy/ec/　経済産業省：電子商取引の促進

4.5 ネット社会におけるワークスタイル

ワーク・ライフ・バランスとテレワークの推進

働き方やライフスタイルの変化に伴い，ワーク・ライフ・バランス（仕事と生活の調和）の実現が求められています。その手段として，情報通信技術を活用した，場所や時間にとらわれない柔軟な働き方であるテレワーク（telework）が注目されています。「tele＝離れた所」と「work＝働く」をあわせた造語です。世界最先端IT国家創造宣言*[1]には，2020年にはテレワークを導入する企業を2012年度と比べて3倍に増やすなどの政府目標が掲げられています。

テレワークは雇用形態により，企業に勤務する被雇用者が行う雇用型と個人事業者・小規模事業者などが行う自営型に分類されます*[2]。雇用型は働く場所によって分けられ，自宅を就業場所とする在宅勤務，顧客先や移動中にパソコンや携帯電話などを使って仕事が可能なモバイルワーク，サテライトオフィスなどの勤務先以外の施設でパソコンなどを利用する施設利用型勤務があります。自営型には，専業性が高い仕事を行い独立自営の度合いが高いSOHO（Small Office Home Office）があります。

テレワークを活用することで，思いもよらなかった分野にビジネスを展開できるようになりました。たとえば，インターネット上のギフト専門ショップを自宅で開業した主婦は，女性が働くことを支援する業務へと会社を拡張しました。

新たなワークスタイルを支えるクラウドサービス

インターネットを駆使して，客先やカフェなど場所を問わずに仕事を進める働き方もあります。また，座席を共有するスタイルのオフィスで，社員はノートパソコンと無線LANを利用して，空いた机を自由に選んで仕事をするスタイルを導入する企業も出てきました。

このような情報通信技術を活用した新しい働き方で役立つツールとなるのが，クラウドサービスです。インターネット上のクラウドコンピューティングで提供されるサービスで，ファイルやメールなどの従来パソコンに保管していたデータを，ネット上に保存・管理できるようになるため，いつでもどこででもパソコンなどの端末から利用できるようになります。東日本大震災後，災害などの危機に備えることが社会的に重要な課題となっています。被災しても事業をすぐに再開し継続できる環境としても，注目されています*3。

また，クラウドソーシングも注目を集めています。クラウドソーシングは，インターネット上の不特定多数の人々に公募形式で仕事や業務を発注することで，必要なときに必要な人材を調達できる仕組みです。

インターネットを活用したワークスタイルでの課題

テレワークなどのインターネットを活用したワークスタイルを導入する企業には，情報の漏えいやデータの改ざんなどに対する情報セキュリティ面での備えが必要です。また，テレワークで仕事をする社員が孤独感や疎外感を感じないように，社内とコミュニケーションが図れる技術を導入することも重要です。

また，利用する側には，情報セキュリティ対策は当然として，オフィスで仕事をする以上の高い倫理観が求められます。仕事と私生活の区別，スケジュール管理などの自己管理能力が欠かせないでしょう。

将来，日本の労働人口の約49%が，技術的には人工知能やロボットなどで代替できるとの推測があります*4。人口減少に伴い，情報通信技術を活用した新しい働き方が求められようとしています。

1）テレワークに必要なスキルを考えてみましょう。

■参考URL

*1 https://warp.ndl.go.jp/info:ndljp/pid/12187388/www.kantei.go.jp/jp/singi/it2/decision.html　世界最先端IT国家創造宣言

*2 https://www.soumu.go.jp/main_sosiki/joho_tsusin/telework/　総務省：ICT利活用の促進　テレワークの促進

*3 https://www.ipa.go.jp/security/sme/f55m8k0000001wpl-att/outline_guidance_cloud.pdf　独立行政法人情報処理推進機構：中小企業のためのクラウドサービス安全利用の手引き

*4 https://www.nri.com/-/media/Corporate/jp/Files/PDF/news/newsrelease/cc/2015/151202_1.pdf　野村総合研究所

マルチ商法と無限連鎖講

マルチ商法は，商品販売方法の一つです。物品販売業者とその商品を再販売する者が次々に他の者を再販売組織に加盟させ，組織内での地位昇進から得られる利益をエサに商品の購入や取引料の支払いの負担を約束させる形で行います。この商法は，特定商取引に関する法律により「連鎖販売取引」として規制されています。

インターネットは，次の理由からマルチ商法に向いています。

①情報の伝播スピードが速い

②お金をかけずに参加者を募れる

③立派なWebページを作りやすく魅力的な宣伝がしやすい

従来は友人などを介した勧誘が多かったのですが，インターネット上での交流の手段が広がったことでSNSなどを通じた勧誘が増えています。

無限連鎖講（ネズミ講）は，マルチ商法の物品の購入とは異なり，先に加入した者に金品（現金や有価証券）を支払う仕組みになっており，射幸心をあおって加入者の多くに経済的な損失を与えることから，「無限連鎖講の防止に関する法律」で禁止されています。法律ではこういった組織を開設･運営することはもちろん，加入することも禁じています。 Webページ上や電子メールで加入を勧誘することは，犯罪となります。ネズミ講の中でマルチ商法のように見せかけたものもありますので気をつけましょう。

悪徳商法･悪質商法･詐欺などについて解説してくれているサイトもあるので，参考にしましょう*1。また，トラブルになりそうな場合や，なってしまった場合は，もよりの消費生活センターに早めに相談するようにしましょう。

■参考URL

＊1　https://www.univcoop.or.jp/fresh/life/multilevel/multilevel13.html　全国大学生活協同組合連合会：悪徳商法一覧

第5章 インターネットと教育

インターネットの普及とともに，教育におけるインターネット利用が行われています。小・中・高校においてインターネットを利用する機会は，ますます多くなりました。

インターネットは，誰もがいつでも必要な情報を発信・受信できるようにするために広まりました。この考え方はすばらしいものですが，発信される情報内容は発信者一人で決めることができるので，不確かな情報や悪意のある情報などもインターネット上に流されています。教育利用を考えるときには，これらにどう対処するかが重要な課題となります。

この章では，学校教育の情報化でのインターネット利用，高等教育や生涯学習でのeラーニングの利用について紹介するとともに，ネットいじめや有害情報などネットにおける諸問題についても考えていきます。

5.1 インターネットと学校教育

教育の情報化

Society 5.0の新しい情報社会をよりよく生き，充実した人生を送るには，初等中等教育（小・中・高等学校）の段階から，学習や仕事を行う上で基盤となる情報活用能力を身に付けることが重要です。また，高等教育（大学や高等専門学校）を含め，すべての教育機関において，ICTを整備して活用することで，これまではできなかった質の高い教育を実現していくことが求められています。

そのため近年では小・中・高等学校において教育の情報化が進められています。教育の情報化とは「情報通信技術の，時間的・空間的制約を超える，双方向性を有する，カスタマイズを容易にするといった特長を生かして，教育の質の向上を目指すもの」であるとされ，次の３つの側面があります[*1]。

①情報教育
　－児童生徒の情報活用能力の育成

②教科指導におけるICT活用
　－ICTを効果的に活用した分かりやすく深まる授業の実現等

③校務の情報化
　－校務（授業以外の学校の仕事）の負担軽減や，教職員がICTを活用して児童生徒の学習情報等を共有することで実現するきめ細やかな指導

また，この３つの側面は，④教員のICT活用指導力等の向上，⑤学校のICT環境の整備，⑥教育情報セキュリティの確保の３つが基盤となって推進されていきます。

GIGAスクール構想

文部科学省は，2019年12月，多様な子どもたちを誰一人取り残すことなく，公正に個別最適化され，資質・能力が一層確実に育成できる教育環境を実現する目的で，児童生徒１人１台端末と高速情報通信ネットワークを一体的に整備するGIGA（Global and Innovation Gateway for All）スクール構想[*2]を発表し

ました。これまで培ってきた教育実践に，１人１台端末や最先端のICTを組み合わせることで，児童生徒の学習活動や教員の教育活動を充実させることがねらいです。小・中学校では，2020年の開始からわずか2年後の2022年度中に，高等学校では2024年５月までに，ほぼ100％の自治体で，全児童生徒に１人１台のノート型あるいはタブレット型の情報端末の整備が完了しました。

GIGAスクール構想は，児童生徒１人１台の情報端末や高速情報通信環境といったハード面の整備に加えて，デジタル教科書や教材，教員支援のポータルサイトや教員研修の充実，教育情報セキュリティの確保，ICT支援員やGIGAスクールサポーター等外部支援人材の派遣など，ソフト面を充実させる取り組みと併せて総合的に進められています。

GIGAスクールの環境で，子どもたちが１人１台の端末を使うことで，どのような学習が可能になっているでしょうか。一斉学習，個別学習，協働学習の学習場面でそれぞれ確認していきます。

(1) 一斉学習

教員が一人ひとりの学習状況を確認することができ，その状況をふまえて授業の内容や進度を調整したりすることができるようになりました。

(2) 個別学習

子どもたち一人ひとりの理解度に応じた学習を，個人のペースで行うことができるようになりました。また，端末に学習履歴が保存されるため，その履歴（学習ログ）を分析することで，子どもたち一人ひとりの理解度や学習のつまづき，さらに思考過程を教員が把握することができるようになりました。

(3) 協働学習

一人ひとりの考えやアイデアを，協働する子どもたちが互いにリアルタイムで共有できるようになりました。また，子どもたちが相互に端末を使って意見交換を行うことが可能になりました。

ICTの特性を生かした教育実践

文部科学省の「2020年代に向けた教育の情報化に関する懇談会最終まとめ」*3では，ICTを教育に活用する際の特性やそれによるメリットを次の３つに整理しています。学習場面におけるそれぞれの活用事例も併せて示します。

①多様で大量の情報を収集，整理・分析，まとめ，表現することなどができ，
カスタマイズが容易であること。

＜活用事例＞課題レポートを作成する。インターネットで調べ学習を行い，パソコンでまとめて発表する。実験データをグラフにまとめて考察するなど。

②時間や空間を問わずに，音声・画像・データ等を蓄積・送受信でき，時間的・空間的制約を超えること。

＜活用事例＞家でオンライン学習を行う。インターネット上の学習管理システムから，教材をダウンロードしたり，課題を提出したりする。

③距離に関わりなく相互に情報の発信・受信のやりとりができるという，双方向性を有すること。

＜活用事例＞インターネットを用いて遠隔学習を行う。協働学習で互いのアイデアを交換し共有する。教員や友達にメールで質問や情報交換を行う。

ICTは，特別支援教育にも積極的に活用されています。教育効果を高めたり，情報活用能力を育成したりすることのほか，障害による学びの困難さを改善・克服するためにICTが有効に利用されています。障害の状態に伴う学びの困難さには個人差が大きく，個別最適化されたICTの提供と活用が求められています。

インターネットの教育利用

GIGAスクール構想での，児童生徒１人１台端末の環境整備は，単にインターネット上の教材にアクセスしやすくなっただけでなく，インターネットのクラウドサービスを利用して授業が展開されるようになりました。クラウドサービスで授業支援システムを運用するようになり，デジタル教材の配布，課題の提出，ビデオ会議，チャット，掲示板，授業に関する連絡などの機能が日常的に利用されるようになりました。

授業だけではありません。児童生徒の名簿，出欠，時間割，成績，学籍，保健などのデータは，これまでは単独のソフトウェアで処理を行い，学校や自治体のサーバに保存して管理していましたが，統合型校務支援システムを導入して，一元的に処理・管理する動きが加速しています。統合型校務システムを使ってデータを統合することによって，初めて児童生徒の状態が見えてくることもあります。また，情報セキュリティを高めて校務支援システムをクラウド化

することによって，教員はどこからでも認証を受けてシステムにログインして校務処理を行うことができるようになり，利便性も高まります。

高等教育におけるインターネット利用

大学での卒業研究や課題レポートで，必ず最初にしなければならないことが先行研究の調査です。先行研究の調査では，研究論文や図書は，以前は図書館で探していました。しかし，研究論文がインターネットに公開されることが多くなり，今では国立情報学研究所が提供する学術情報のポータルサイトCiNii*4や，国立国会図書館サーチ*5などから入手して調べることが多くなりました。

しかし，インターネットや生成AIが手軽に利用できるようになって，大学の課題レポートを作成する際，出典を示すことなくインターネット上の情報や生成AIに作成させた文章をそのままコピーして，あたかも自分が書いた文章であるかのようにそのまま提出する学生が出てきました。インターネットやAIを研究に活用することは有益ですが，ただ写すだけの行為は，与えられた課題に対する不正行為であると同時に，著作権を侵害する違法行為です。インターネット上の情報を教育に利用する場合には，正しい引用の方法（2.4節参照）を学んで，それを遵守することが必要です。

1）情報技術を活用することで可能になる新しい教育を考えてみましょう。
2）インターネット上の情報を引用して課題レポートを書くときの正しい書き方について調べてみましょう。

■参考URL

＊1　https://www.mext.go.jp/content/20200608-mxt_jogai01-000003284_002.pdf　文部科学省：教育の情報化に関する手引（追補版），第１章
＊2　https://www.mext.go.jp/a_menu/other/index_00001.htm　文部科学省：GIGAスクール構想の実現について
＊3　https://www.mext.go.jp/a_menu/shotou/zyouhou/1369482.htm　文部科学省：2020年代に向けた教育の情報化に関する懇談会
＊4　https://cir.nii.ac.jp/　国立情報学研究所：CiNii Research
＊5　https://ndlsearch.ndl.go.jp/　国立国会図書館サーチ

5.2 ネット上の問題行動

問題行動と炎上

若者の中には，遊園地での迷惑行為を撮影して自らネット上に公開したり，コンビニの冷凍庫に寝そべって撮った写真をネット上に投稿したりするなど，非常識な自己顕示欲を見せる者もいます。

Xやフェイスブック，インスタグラムなどのSNSは手軽に画像や動画を投稿できる反面，その画像や動画を見た人の中に不快に感じる人がいる可能性があるにもかかわらず，その場のノリなど悪ふざけで投稿し，トラブルに発展することがあります。大学生がアルバイトの最中などに悪ふざけをして撮影した画像を投稿し炎上したり，中高生の学校内での問題行動を投稿してトラブルになったりしています。SNSの設定などで限られた仲間にしか公開されていないようにしていても，他人に不快な思いをさせたり，マナー違反の投稿記事は誰かがその内容を転送したりして炎上することもあります。

犯罪につながる問題行動

これまでは，けんかなど暴力行為や金品のやりとりなど学校内での指導で留まっていた事案などでも，犯罪行為や犯罪につながる行為をして，インターネット上にその行為が知れわたることにより，その後の人生に大きな影響を及ぼすことが増えています。

高校生が学校のネットワークに不正にログインして他の生徒の個人情報を盗み出す行為や，中学生がネットゲームのIDを悪用して不正にログインして他人のアイテムを勝手に処分する行為は不正アクセスとなります。仮に腕試しという感覚でも，不正にログインして情報を抜き出したり，情報を書き換えたりすると不正アクセスとして責任を問われることになります。

誰もが読むことができる電子掲示板ではなく，特定の人しか読むことができないSNSの記事などでも，「とあるスーパーの牛乳の賞味期限が切れていた」や「お弁当屋さんの総菜に異物が混入していた」など虚偽の内容を書き込むことによる店の信用毀損，業務を妨害した場合には偽計業務妨害罪に問われる可能性があります。さらに,「学校に爆発物を仕掛けた」という書き込みをしたり，他の客に迷惑がかかるような行為をしている様子をSNSに投稿したりすると威力業務妨害罪に問われることがあります。

ネットを通じて巻き込まれる性犯罪

別れた交際相手などが，本人が望まない性的な画像や動画をインターネット上に公開することをリベンジポルノと呼びます。インターネット上に公開された画像や動画が拡散されてしまうと完全に削除することが困難であるため，社会問題になっています。2014年には，リベンジポルノの被害を食い止めることを目的に,「私事性的画像記録の提供等による被害の防止に関する法律」(リベンジポルノ防止法）が制定されました。

SNSが身近な存在になる中で，子どもたちの中にはセクスティングと呼ばれる性的な写真や動画，コメントなどをやりとりする問題が起こっています。恋愛関係にある者どうしのやりとりだけでなく，インターネット上で多くの人から注目されたいという欲求から，自ら不特定多数の人に性的な画像を公開する場合もあります。特に，未成年のセクスティングは児童ポルノの規制に抵触するおそれもあります。

この他，セクストーション（性的脅迫）などの被害も広がっており，子どもたちが巻き込まれる事例も増加しています。セクストーションの手口としては，性的な画像をもとに金銭などをゆする行為のほか，性的なやりとりを強要することなど，エスカレートする傾向があります。

1）参考URLのWebページを見て，インターネット上の問題行動や炎上事例を調べてみましょう。

■参考URL

＊　https://www.iajapan.org/hotline/inews/inews.html　インターネットホットライン連絡協議会：インターネット関連News

5.3 ネット上のいじめ

ネットいじめ

SNSなどのアプリケーションを使って，インターネットを介して行われるいじめをネットいじめといいます。2022年度の文部科学省による調査*1では，パソコンや携帯電話等を使ったいじめが23,920件報告されており，増え続けています。

中学校や高校の生徒がネットいじめを受けて，それを苦にみずから命を絶ってしまった事件があります。自殺という最悪の結果には至らなくても，生徒たちの大きな心の傷となるトラブルは数多くあります。インターネット上での出来事は，保護者や教員が把握することが非常にむずかしいので，被害にあった生徒が，大人の目にふれることなく，ただひたすら堪え忍んでしまうケースは無数にあるに違いありません。

これまでのいじめは，力の強い者が弱い者に対して，集団で一方的かつ継続的に精神的，身体的な苦痛を与えるものでした。しかし，ネットいじめは，力の強さに関係なく一人ですることができ，継続的でなくても強烈な精神的苦痛を与えることができてしまいます。つまり，誰でも加害者になり得るのです。文部科学省も，このことを考慮して，2007年にいじめの定義を見直しています。

ネットいじめに使われるアプリケーション

(1) SNS

未成年者も利用できるSNSが増え，それらを舞台にしたネットいじめが起きています。SNSには，グループ（コミュニティ）を作って電子掲示板のように意見交換をしたり，電子メールのように利用者間でメッセージ交換をしたりできる機能があります。これらを使って，ネットいじめが起きることがあります。またSNSには，トラブルを防止するために，問題のある書き込みをする人をグループから退出させたり，その人からのメッセージの受信を拒否したりする機能がありますが，それらがネットいじめに使われることがあります。

2011年にサービスを開始したLINEは，無料で使用できることなどから，スマートフォンの普及とともに，中高生の間にその利用が広がりました。LINEには，送ったメッセージを相手が読んだことを送信者に通知する既読通知機能があります。この機能のために，メッセージを読んで返事をしないことを「既読無視」と呼び，忌み嫌う習慣が広がりました。このことが，ネットいじめの原因になったり，ネットいじめを助長したりすることもあります。

LINEは原則として，使っているスマートフォンなどの電話帳に登録されている人，つまりすでに知っている人と交流します。そのため，面識のない人との交流が容易な他のSNSとは異なり，子どもにも安心して使わせられると考える保護者が多かったといえます。しかし，LINE内のグループは，保護者や教員に知られずに会話できる子どもたちだけの密室となり得ます。その結果，子どもどうしで気軽に陰口を言い合ったり，それが高じてネットいじめに発展したりすることが起きています。

LINEにも，グループで不適切な発言をする人を退出させる機能がありますが，これが仲間外れにするネットいじめに使われることがあります。そこで，このような使用を防止するために，退出させた人の名前が表示されるように変更されました。すると，仲間外れにする子を外した別のグループを新しく作る方法が考えだされ，ネットいじめに利用されるということが起こりました。

また，LINEなどのSNSは出会い系サイト代わりに使われることもあります。LINEは，ネット上でIDを交換することで，出会い系サイト代わりに使うことが可能です。中高生に自由に使わせるには多くの問題を抱えています。

(2) 動画投稿サイト

YouTubeやニコニコ動画などの動画投稿（共有）サイトが，ネットいじめに使われることもあります。スマートフォンなどの動画撮影の機能を使って，隠し撮りをした動画を動画投稿サイトに無断で投稿してしまいます。なかには，いじめの現場（いじめられる様子）を撮影して投稿するといった常軌を逸したものもあります。被害者に大きな精神的な苦痛を与える悪質な行為であると同時に，プライバシーと肖像権を侵害する行為です。

(3) 電子メール

電子メールは，さまざまな方法でネットいじめに使われることがあります。現実に行われているいじめに使われる場合は，当然送信者がわかる状態で電子メールが送られます。しかし，送信者が誰なのかわからないようにして，ネットいじめに使うこともできます。電子メールは，送信者のメールアドレスを偽装することが比較的容易にできるので，送信者がわからないようにしたり，別人になりすましたりして，ネットいじめの電子メールを送りつけることができるからです。また，誹謗中傷やプライバシー情報を書いた電子メールをチェーンメール化する方法があります。この場合は，加害者が一度電子メールを送信するだけで，ネットいじめが持続してしまいます。

(4) 過去に使われたアプリケーション

ネットいじめに使われるアプリケーションは，そのときに中高生の間で流行しているものが利用されます。2006～2010年頃，プロフと呼ばれるSNSが中高生に人気となり，ネットいじめの温床となりました。プロフは，プロフィールサイト（自己紹介サイト）の略で，単なるSNSとしてだけでなく，出会い系サイトとしても利用されたので，社会問題となりました。

それ以前には，「２ちゃんねる」などの匿名電子掲示板が若者の間で流行し，いわゆる「学校裏サイト」がネットいじめの温床となりました。学校裏サイトは，生徒などが非公式に作った電子掲示板内のスレッド（トピック）で，生徒どうしで無責任なうわさ話や誹謗中傷が書き込まれることが絶えませんでした。文部科学省が2008年１～３月に行った調査では，日本の中学校と高校の総数の

2倍以上の数（38,260件）の学校裏サイトが見つかりました。

ネットいじめに対する指導

情報モラル教育は，ネットいじめなどのインターネット利用で生じるトラブルを防止するために，事前指導として行われるべきものです。そのためには，スマートフォンなどでインターネットを使い始める前に，情報モラル教育を受けておく必要があります。しかし，実際はそうではないことが最も大きな問題です。

もしネットいじめが起こってしまったら，教育機関では次のような事後指導と処置を行います。

①ネットいじめの書き込みや電子メールは，教員や保護者などのパソコンに証拠として保存する。

②ネットいじめの書き込みはサイト管理者に削除依頼し，SNSのグループでの対話や電子メールの記録は必要に応じて削除する。

③被害者を精神的に支えながら，大人が介入することでいじめが形を変えてひどくなったり被害者が孤立したりしないように配慮する。

④加害者を特定して，加害者にネットいじめの悪質さを理解させて反省させる。加害者が特定できない場合はネットいじめを止めることに努める。

加害者が特定できて指導する場合，事前にきちんとした情報モラル指導をしているか否かが事後指導の結果に大きく影響します。ネットいじめをして無期停学処分を受けた高校生が，それを苦に自殺した事件がありました。加害者が罪の意識をほとんど持っていないままの状態で，無理にネットいじめの悪質さを理解させようとすると，加害者を精神的に追い詰めてしまうかもしれません。

1）ネットいじめが発見されにくい理由について考えてみましょう。
2）ネットいじめの解決と指導がむずかしい理由について考えてみましょう。

■参考URL

＊1　https://www.mext.go.jp/a_menu/shotou/seitoshidou/1302902.htm　文部科学省：児童生徒の問題行動・不登校等生徒指導上の諸課題に関する調査

＊　https://www.mext.go.jp/b_menu/houdou/20/11/08111701/001.pdf　文部科学省：「ネット上のいじめ」に関する対応マニュアル・事例集（学校・教員向け）

5.4 有害情報とフィルタリング

子どもたちにとっての有害な情報

インターネットでは，いつでも誰でもがどんな情報でも手に入れることができます。しかし，個人や年齢による差はあるものの，真偽や善悪の分別が十分にできない子どもたちにとって有害な情報がインターネット上にあるのも事実です。有害情報をいくつかに分類して見てみましょう。

(1) 性表現

性表現は年齢によって理解できる内容や程度が異なるために注意が必要です。低年齢の子どもに成人向けの性表現が有害なのは明らかですし，思春期の子どもにとって過激な性表現は，正しい性の理解を妨げたり性犯罪を誘発したりするおそれがあるため非常に有害です。最近特に，性的な行為や性器の描写を含む漫画やアニメのサイトや，性的な関係や性行為についての詳細な説明を提供するサイトがあります。さらに，性表現の許容範囲は国によって異なっているため，国境のないインターネットでは問題がより深刻です。

(2) 暴力表現

中学生が家庭用ゲームの格闘技を再現しながらいじめをして，大けがを負わせる事件がありました。インターネット上にも暴力シーンを格好よく描写しているものがあります。暴力表現はそれ自体が違法ではありませんが，子どもたちを暴力行為や犯罪行為に向かわせる危険性を持つという点において有害です。

また，戦争やテロなどの惨殺シーンが，インターネット上に公開された事例があります。法務省は，そのようなコンテンツの削除を指導していますが，海外のWebサイトなどが利用され，削除されずに残っている場合があります。

さらに，人種，宗教，性別などの属性に基づく差別的な内容やヘイトスピーチなどもあります。これらは子どもの偏見や差別意識を育む可能性があります。

(3) 広告・勧誘

インターネット上には多くの広告・勧誘の情報があります。その中には成人向けの喫煙，飲酒，ギャンブルに関する広告もあります。また詐欺商法，カルト教団，薬物販売の広告・勧誘，自殺を誘発する情報もあります。子どもに有害であることは明らかです。最近特に問題になっているのが薬の過剰摂取の「オーバードーズ」です。インターネットやSNSで，薬の乱用に関する情報が簡単に入手できるようになったことが，大きいと考えられています。

(4)　その他の有害情報

最近特に問題になっているのが「闇バイト」です。高額な報酬を受け取る代わりに，犯罪行為を代行するアルバイトのことです。たとえば，振り込め詐欺や窃盗，盗撮，薬物の運搬などがあります。SNSやインターネット掲示板などで，短時間で高収入が得られるなど甘い言葉で募集しています。闇バイトは非合法であり，犯罪組織に利用される危険があります。

有害情報をブロックするフィルタリング

子どもたちには情報の真偽や善悪の分別が身につくような教育が必要です。それと同時に，成長の過渡期の子どもたちが有害情報にふれないよう工夫することが必要です。子どもたちを有害情報から守る対策として，一定の基準で有害な情報をブロックすることができるフィルタリングという技術があり，その方式にはいくつかの種類があります。

図5-1　フィルタリングのしくみ

(1)　レイティング方式

Webサイトをあらかじめ一定の基準で格付け（レイティング）しておくことで，情報の受信者がそのレイティング結果を利用して，受信者自身の判断でフィルタリングを行います。情報発信者が自らのWebサイトを格付けするセルフレイティングと，第三者が格付けする第三者レイティングがあります。無害な情報をブロックする可能性が少ないことが，この方式のメリットです。しかし，セルフレイティングには，悪意ある情報発信者による有害情報を排除しがたいという問題があり，第三者レイティングには，日々増加するWebページすべてに対応することがむずかしいという問題があります。

(2) ブラックリスト方式

悪質なWebサイトや不適切な書き込みのある有害なWebサイトのリストを作っておき，それらのWebサイトへのアクセスを拒否します。有害なWebサイトがリストからもれていると，有害情報を表示してしまいます。

(3) ホワイトリスト方式

ブラックリスト方式とは反対に，安全で有益と思われるWebサイトのリストを作っておき，それらのWebサイトへのアクセスだけを許可します。有害情報を確実にブロックできますが，リストにない有益なWebサイトにアクセスすることができません。

(4) キーワード／フレーズ方式

有害なWebページに現れる頻度の高いキーワードやフレーズをあらかじめリストアップしておき，それらが含まれるWebサイトへのアクセスを拒否します。新しい有害サイトにも対応できますが，Webページの内容が本当に有害かどうかを完全に正しく識別することが困難です。

実際のフィルタリングの利用

学校では，子どもたちが使うシステムには，フィルタリングが導入されていることが多いです。家庭でフィルタリングを利用するには，パソコンにフィルタリングソフトを導入します。また，インターネットプロバイダが提供するフィルタリングサービスを利用したりすれば，タブレット端末や携帯ゲーム機でもフィルタリングを利用できます。スマートフォンでは，フィルタリングサー

表5-1　実際に利用されているフィルタリングのカテゴリ*1（一部抜粋）

カテゴリ	サイトの内容
不法	違法と思われる行為・薬物，不適切な薬物利用
主張	軍事・テロ，武器，告発・中傷，自殺・家出など
アダルト	性行為，ヌード画像，性風俗など
セキュリティ	ハッキング，不正コード配布，公開プロキシ
ギャンブル	ギャンブル一般
出会い	出会い・異性紹介，結婚紹介

ビスが携帯電話事業者から提供されています（表5-1）。

2008年に成立した，「青少年が安全に安心してインターネットを利用できる環境の整備等に関する法律」（青少年インターネット環境整備法）では，18歳未満の子どもが利用する携帯電話やスマートフォンにフィルタリングサービスを導入することを事業者に義務付けています。

有害情報から子どもを守るには

フィルタリングは決して万能ではありませんが，有害情報から子どもを守るには，必要不可欠な機能といえるでしょう。フィルタリングを普及させるためには，保護者が有害情報とフィルタリングに対する正しい知識を持つことが大切です。令和4年度青少年のインターネット利用環境実態調査によるとフィルタリングを使っているのは約4割です。また，子どもに頼まれて携帯電話やスマートフォンのフィルタリングサービスを解除してしまう親も少なくありません。また，スマートフォンではフィルタリングに加えて，子どもの年齢に応じたアプリの利用制限も必要といえるでしょう。

どんな情報を子どもたちに与え，どんな情報から子どもたちを守るのかを，保護者や教育者がしっかりと考え，明確な基準を持つことが必要です。そのために，家庭や学校で子どもたちといっしょに考えることも大切です。定期的なコミュニケーションを通じて，子どもたちのオンラインでの体験や疑問を共有し，安心して相談できる環境を提供することも大切です。

1）ブラウザに搭載されているフィルタリング機能について調べてみましょう。
2）携帯電話事業者各社のフィルタリングサービスについて調べてみましょう。

■参考URL

＊1　http://category.netstar-inc.com/category.html　ネットスター社
＊　http://www.internethotline.jp/　インターネット・ホットラインセンター
＊　https://www.npa.go.jp/bureau/cyber/countermeasures/illegal-info.html　インターネット上の違法情報・有害情報対策
＊　https://www.good-net.jp/　安心ネットづくり促進協議会

5.5 生涯学習とeラーニング

生涯学習の必要性の高まり

近年，生涯学習の必要性がますます高まってきました。これは，社会や経済の変化，知識や技術の革新，ライフスタイルの変化などが要因と考えられます。以前は，学校を卒業した後は，新たに学び直すことなく，学校で学んだ知識や技術を活用して一生働くことができました。しかし，変化の激しい社会においては，高校や大学を卒業した後も，働きながら新しい知識やスキルの習得が求められるようになりました。一方で，高齢化社会に突入しており，高齢者が生き生きとした人生を送るための支援が求められています。このような背景で，生涯にわたり自主的に学び続ける「生涯学習」が注目されているのです。

学校教育では教員から「教えられる」ことが中心となります。それに対して生涯学習は，社会生活の中で学習機会を自由に設定して，個人が自ら学びます。教養や趣味を充実させるための知識を学びたい，キャリアアップのために専門的な技能を身につけたいなど明確な目的をもった人々が，学校や企業，地域社会などが提供する多様な学習機会を選択して学習しています。

生涯学習におけるインターネットの役割

生涯学習の中で，インターネットが果たす役割は2つあります。一つは，生涯学習の窓口としての役割です。学校や地方自治体でも生涯学習向けの講座を開講していますが，自分の目的に合う講座を見つけるのは大変です。インターネット上には，生涯学習に関する情報を集めたWebサイトがあり，講座内容やレベル，費用，講師などを検索して講座を見つけることができます。

もう一つは，生涯学習の場としての役割です。以前の通信教育では，郵便やテレビ・ラジオなどの一方向の学習でしたが，インターネットを活用すれば，質問して回答を得るなど双方向の環境で学習ができます。また，インターネット上に公開された教材や講義のビデオ映像にアクセスすれば，学習者はいつでもどこでも学習することができます。

eラーニングとその仕組み

情報通信技術の進歩とともに，いつでも，どこでも学習者のペースで学習できるeラーニングが注目されています。eラーニングとは，コンピュータやスマートフォンを操作して，情報通信ネットワークを利用することで，学習者が主体的に学習できる学習形態のことです。大学など高等教育での授業や企業での社員教育，生涯学習などで活用されています。

eラーニングの基盤となるのが，学習管理システム（LMS）です。LMSは，学習履歴，学習の進捗や成績などの管理，教材の登録・配布，小テストやドリルなどの学習支援，掲示板や連絡などのコミュニケーション機能などを備えています。ログインすることで学習や進捗の確認，課題提出などの一連の学習活動を行うことができ，学習者にとっての学習ポータル（入口）としての役割を担っています。通常の対面での授業と併用して利用される場合もあります。

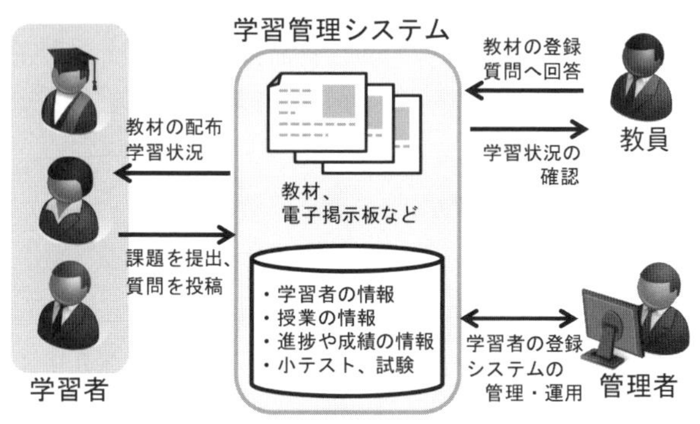

図5-2　学習管理システムのしくみ

eラーニングの特徴

eラーニングには，次のような特徴があります。

①時間や場所の制約がなく，自宅からでも学習できる

②学習者の学習レベルや進捗に合わせて学習できる

③電子掲示板やチャットなどでコミュニケーションができる

④学習者の学習の進捗や成績，学習履歴が保存される

⑤映像や音声などの多様なメディアを使用できる

eラーニングの利点は，非同期性と双方向性です。eラーニングを用いれば，学習者の都合のよいときに繰り返し学習することができます。また，教員と学習者，または学習者どうしが離れていても，互いにコミュニケーションをとりながら学習できるという特性です。

インターネットを活用した生涯学習の事例

(1) 進路に関する情報を集める

進学や就職といった進路を決めることは，生涯の中での重要な決断の一つです。進学情報サイトや職業情報サイトには，進路の選択に役立つ情報やサービスが豊富にあります。上手に活用すれば，希望にあった進路を見つけられるだけでなく，進路に対する自分の考えを整理することにも使えます*1。

(2) 生涯の中での人間力を高める

学校教育を終え社会に出たあとでも自分の趣味のためや教養を身につけるために学習することで，自分の時間を有効に活用しようとする人が増えています。このような社会のニーズに応えるため，自治体や大学などが生涯学習に関する講座をインターネットで開講したり情報を提供したりしています*2。

(3) 高度な専門性を身につける

近年，社会の急激な変化に対応するため，職業能力の高度化が求められ，仕事に就いている社会人が，より高度な知識や技術を身につけ職業能力を向上させるために学習するケースが増えています*3。また，オンラインを中心にしたカリキュラムで専門的な教育を受け卒業できる大学もあります。

仕事や家事などと両立させながら，いつでもどこででも繰り返して学習することができるeラーニングは，生涯学習には欠かせない手段です。マサチューセッツ工科大学が提唱したOCW（オープン・コースウェア）*4は，講義の資料や映像などをインターネット上で無償公開する活動として注目され，世界各国で同様の取り組みがされています。さらに，eラーニングで講義を受講し，受講者の能力が認められれば認定証を授与する仕組み（MOOCs：Massive Open Online Courses）もあり，世界中に多くの受講者がいます。

リスキリング

リスキリング（Re-skilling）とは，時代の変化によってこれから必要とされる新たなスキルや知識を，従業員に身につけさせるために行う教育のことです。働き方の変化やデジタルテクノロジーの進展によって仕事の進め方が大きく変化しており，その変化に対応する新たなスキルの必要性が叫ばれています。

世界経済フォーラム（WEF）が2020年の年次総会（ダボス会議）で，「リスキリング革命（Reskilling Revolution）を宣言したことで，注目度が高まりました。リスキリングの必要性は，DX（デジタルトランスフォーメーション）やSDGsなどの社会変化の影響も受けています。そこで，多くの企業がリスキリングの導入に動き始めています。

これからの生涯学習

2006（平成18）年に改正された教育基本法では，国民一人ひとりが生涯にわたって学習することができ，その成果を生かすことができる社会の実現が提言されました。生涯学習にインターネットを活用すれば，個人のニーズに合わせて時間や場所に制限されない学習環境を提供することができます。ただ，インターネット上だけでの学習では，学習意欲を維持するのがむずかしいという問題もあります。学習者に配慮した学習環境の整備が大事になります。より高度な知識や技能を求める社会の要請と，若者から高齢者まであらゆる世代の学びたいという個人の要請から，生涯学習の役割は今後ますます重要となるでしょう。働きながら学ぶことが可能なeラーニングの需要は，生涯学習の観点から今後ますます増えてくると思われます。

1）インターネットを活用した生涯学習を広めるうえでの課題について考えてみましょう。
2）eラーニングによる学習と対面授業による学習の違いについてまとめてみましょう。

■参考URL

＊1　https://yumenavi.info/　夢ナビ
＊2　https://www.jobcafe-i.jp/　ジョブカフェいわて
＊3　https://www.javada.or.jp/　中央職業能力開発協会
＊4　https://oe-japan.netlify.app/　オープンエデュケーション・ジャパン

情報モラルの教育の必要性

子どもたちの間でも，新しいメディアによるコミュニケーションが行われています。しかし，保護者は，新しいメディアの特性に対する理解不足，大人の知らないところでコミュニケーションが行われているために，十分に子どもたちの行動を把握できていません。そのため，学校において子どもたちが，自分自身で判断して行動できる態度を育成する情報モラル教育が必要とされています。

スマートフォンやゲームだけでなく，インターネット社会におけるさまざまな問題に向き合い，安全な環境を子どもたちに提供することは，周りの大人の責任です。有害な情報を遮断するフィルタリングや保護者の管理権限を設定したり，インターネット上の子どもの行動を監視するペアレンタルコントロールも有効ですが，子どもたちが自律して行動することができるようにルール作りをして，子どもたちの振る舞いを大人が見守ることが大切です。

特に，子どもの自律をうながし，自ら安全な利用を心掛けるようにするにはルールを作り，ルールを守る習慣をつけることが大切です。家庭をはじめ，インターネットの利用についてのルールを作るポイントは次のとおりです。

1）保護者と子どもがよく話し合って，納得したうえでルールを決める
2）利用する時間帯や場所についてルールを定める
3）料金や課金についてルールを定める
4）マナーやエチケットについてよく話し合う
5）個人情報などプライバシーについてよく話し合う
6）困ったときに相談する人を決めておく

これらのルールが守れなかった場合には，厳しい罰則を設けるのではなく，なぜルールが守れなかったのか，ルールを守るためにはどのようにすればよいのかを話し合う必要があります。また，子どもの成長などに合わせて，定期的にルールを見直すことも大切です。

■参考URL

https://www.cfa.go.jp/policies/youth-kankyou/leaflet　こども家庭庁：普及啓発リーフレット集

第6章 インターネットとコミュニケーション

インターネットは，新聞，テレビなどこれまでのメディアでは考えられなかった情報発信の容易さがありますが，そのことに起因する問題もでてきています。誰でもが情報発信できるため，無責任な情報や悪意に満ちた情報も数多くあります。

一般社会のコミュニケーションと同じようにネットワーク社会のコミュニケーションにも，ネットワーク上でのマナーである「ネチケット」というものがあります。私たちは，気づかないうちに，ネットワーク上でのコミュニケーションのマナー違反をしていないでしょうか。

この章では，コミュニケーションを行う際の電子メールなどのマナー，電子掲示板・ブログによる情報発信，SNSなどのソーシャルメディアの活用について考えていきます。

6.1 コミュニケーションのマナー

ネットワークの利用で心がけること

コミュニケーションをする場合，その相手やグループのことをある程度理解しておくことが大切で，親しい間柄でも，ビジネスや公の場合は冗談めいた文章は厳禁です。電子メールを利用するときにも，ネットワーク上でのマナーが必要となり，このマナーをネチケット（Netiquette, Network Etiquette）といいます。たとえば，電子メールでの返信メールの場合，その元となる文章を文中に引用することで，あなたが伝えたい内容をいっそう正確に伝えることができますが，引用があまり長いと相手は画面を何度もスクロールしながら読むことになってしまいます。円滑なコミュニケーションを妨げない最小限の引用にとどめる判断が求められます。ここで，ネットワークの利用で心がける事項をまとめると，表6-1のようになります。

表6-1　ネットワークの利用で心がける事項

①相手の文化や相手の置かれている状況を考える
②差別用語や誹謗中傷する用語は用いない
③公序良俗に反する内容，脅迫的・感情的になるような内容に気をつける
④他人のプライバシーを尊重する
⑤知的財産権（特に著作権）は侵害しない
⑥相手の使用環境を考える。半角カナ文字・機種依存文字の使用は控える
⑦発言には責任を持つとともに，無意味な電子メールは送らない
⑧電子メールは，すぐに届くとは限らない。相手の都合もあるので，敏速な返事を期待しない
⑨ファイルの添付は，その容量や，相手が解読可能な環境かを考える
⑩一目でわかりやすい題名（サブジェクト）をつける
⑪電子メールの最後に自分の署名（シグネイチャ）を入れる
⑫個人宛のメールを第三者に転送するときは，許可を得てからする
⑬他人のメールを転送するときは，内容を変更しない
⑭送信前に誤字脱字がないか，分かりにくい表現や添付忘れがないか等を見直す

電子メールのマナー

電子メールは，これまでの通信メディアでいえば，ハガキや手紙とよく似ています。私たちは，相手のことを考え，目的に応じた形式や作法（エチケット）で手紙を書きます。電子メールは，文章をコンピュータ上で編集し，そのままネットワーク上に送信できます。また，途中の通信回線に障害がなければ，瞬時に目的のところへ届きます。

電子メールを使ったコミュニケーションで注意すべき点を整理します。

相手の環境を考える

電子メールでは，コンピュータ間で通信を行います。お互いの環境が異なると，送られてきた内容が読み取れない場合も起こります。たとえば，あるアプリケーションソフトで作成したファイルを添付して送ると，同じアプリケーションソフトを持っていない受信者は，内容を見ることができない場合があります。また，メールソフトの中には，初期設定として自動的に添付ファイルを付けたり，特定の形式に書式を自動変換するものがあります。

添付ファイル以外の文章でも，日本語が表示できないコンピュータでは日本語の電子メールを受け取っても読めません。日本語が表示できるコンピュータであっても機種依存文字（図6-1）や，絵文字，半角カナ文字，自分で編集したフォント文字などは，相手の画面上に正しく表示されない場合があります。電子メールを送信する前に，ネチケットにそっているか，全文を見なおす習慣が求められます。

①，②……⑨，⑩，Ⅰ，Ⅱ……Ⅷ，Ⅸ，Ⅹ，√，≒
㍾，㍽，㍼，㍻，㍉，㌍，㌢，㎜，㎞，Å，∪，∩，∵，∫，Ψ

図6-1　機種依存文字の例

文字絵・絵文字・スタンプを用いる

ネット上の仲間や親しい間柄でメールのやりとりをする場合には，円滑なコミュニケーションをはかるために，文字絵・絵文字・スタンプを上手に用いることも一つの方法です。文字絵は，文字や記号などを使って人間の表情や，しぐさなどを表現したものです。絵文字は簡単な絵で表した文字を意味し，スタンプはSNSやSMS（ショートメッセージ）で使用されるイラストです。

ただし，フォーマルな文章やメールなどでは失礼にあたるので，使わない方がよいとされています。また世代によって受け取り方が違う場合もあるので，利用には注意が必要です。欧米では半角文字だけで表現するため，横倒しになった表情の文字絵が一般的です。

【文字絵】＼(^O^)／（笑顔） m(. .)m （お詫び） (>_<) （困った，痛い）
(. .)φメモメモ （重要なポイントであることを表現）
【絵文字】 
【スタンプ】 
＊絵文字とスタンプはMicrosoftのストック画像から引用

図6-2　文字絵・絵文字・スタンプの例

携帯メール

どこからでもメールを送信できる携帯電話やスマートフォンですが，逆にその手軽さが迷惑や犯罪につながっているケースも少なくありません。以下のような点にも配慮する必要があります。

①契約によっては受信が制限されるので，画像や動画の添付に気をつける。特に，スマートフォンでは，インターネットに常時接続されるので，受信制限には気をつける

②機種によっては絵文字（文字絵ではなく，携帯電話やスマートフォンに外字として登録されているキャラクターのこと）や顔文字が変わってしまったり表示できなかったりするので，相手の環境を考えて使用する

③携帯電話やスマートフォンで撮影した写真映像の送信にあたっては肖像権に注意する

④本来許されないメールアドレスのために，他人（特にパソコン）からのメールの一部が届かないことがあるのは，他人のせいではなくそのメールアドレスに原因があるので，早急に変更する（表6-2）

迷惑メール対策

インターネットの電子メールの普及や携帯メールの相互接続が広がるなか，利用者の同意を得ずに，広告や宣伝，勧誘等を目的として電子メールを送りつけてくる迷惑メールが社会問題となりました。これに対して，2002年に「特定

電子メールの送信の適正化等に関する法律」，2008年に「改正特定商取引法」が制定され，電子メール広告について，電子メール広告を行うことに対する承諾をしていない消費者に対する電子メール広告が原則禁止（オプトイン規制）となりました。

表6-2　本来許されないメールアドレスの例

ローカルパート（@より前の部分）が
1. ドットで始まる
.abc@sample.co.jp
2. ドットで終わる
abc.@sample.co.jp
3. ドットが連続する
ab..c@sample.co.jp

利用者として事業者から電子メール広告を受けることを請求や承諾した覚えがないにもかかわらず，電子メール広告を受信した場合は(財)日本産業協会まで情報提供するようにしましょう。

メッセージアプリの利用

LINE，WhatsApp，Messengerなどのメッセージアプリは電子メールより手軽に1対1，1対多でメッセージ交換ができ，さらにオープンチャットのような匿名での情報共有や発言ができることから，プライベートを中心によく利用されています。そのため，送受信のタイミングなどにより，トラブルも生じやすくなっています。気軽に使えるツールだからこそ，言葉遣いも丁寧に，相手に誤解を与えない表現を意識して利用しましょう。

1）参考URLのWebページで，ネチケットについて調べてみましょう。
2）特定電子メールの送信の適正化等に関する法律の，表示義務について調べてみましょう。

■参考URL

＊　https://www.cgh.ed.jp/netiquette/　千葉学芸高等学校　高橋邦夫：ネチケットホームページ
＊　https://www.dekyo.or.jp/soudan/　一般財団法人日本データ通信協会：迷惑メール相談センター
＊　https://www.soumu.go.jp/main_sosiki/joho_tsusin/d_syohi/m_mail.html　総務省：電気通信消費者情報コーナー　迷惑メール対策
＊　https://www.no-trouble.caa.go.jp/spam/about.html　特定商取引法ガイド
＊　https://www.soumu.go.jp/main_sosiki/cybersecurity/kokumin/basic/legal/08/　国民のためのサイバーセキュリティサイト

6.2 電子メールのマナーと宛先

3種類の宛先欄

メールソフトには宛先を入力する欄があり，そこに複数のメールアドレスを入力することによって，1つのメールを一斉に送信することができます。これは電子メールの大きな特徴の一つです。電子メールの宛先には，To（狭義の宛先），Cc（Carbon Copy），Bcc（Blind Carbon Copy）の3種類があり，それぞれの違いを理解して使い分けないといけません。

```
Date: Mon, 1 May 2000 15:40:39 +0900 (JST)
Message-Id: <200005010640.PAA04765@abcde.kk.ppppp.xx.jp>
From: pikachu@abcde.ppppp.xx.jp
To: pocket@monster.ggg.yy.jp
Cc: pikachu@abcde.ppppp.xx.jp, raichu@ooo.osaka-uuu.xx.jp
Subject: Re: =ethics on the internet
In-Reply-To: Your message of Mon, 1 May 2000 14:49:06 +0900.
        <000701bfb330$f6b7b560$7632a8c0@ooo.osaka-uuu.xx.jp >
```

図6-3　メールのヘッダ情報の例（一部）

まずToとCcの使い分けですが，Toの欄には直接対話したい相手のメールアドレスを入力します。そして，そのメッセージの内容に関して，オブザーバーとして了解していてほしいというような相手がいる場合にはCcの欄を使います。

自分が受信したメールについて，自分がどの立場で受信したかは，メールのヘッダ情報を見ればわかります（図6-3）。

Toの受信者は返事を出すことを求められていると判断できます。またCcの受信者は必要に応じて情報のやりとりに参加すればよいと考えられます。

ToとCcにメールアドレスを並べた場合，そのメッセージの送受信に関わるすべての人のメールアドレスを公開することになります。それらの人たちがメールアドレスも含めてお互いに知っている関係なら何の問題も生じませんが，見ず知らずの人に自分のメールアドレスが了解なしに知らされるのは，個人情報保護の観点からも望ましくありません。このような場合にBccを使います。

問題点をBccで解決

Bccの受信者はそのメッセージのやりとりに関して，他の受信者から隠れた存在になります。これによってメールアドレスが本人の了解なしに公開されることを防ぐことができます。ただし，ToやCcで受信した人にはBccで受信した人が見えませんが，Bccの人にはToやCcの人のメールアドレスが見えますので3つの宛先を混在させて使う際には十分な配慮が必要です。

なお，いずれの宛先を利用しても，送信者を隠すことはできません。そこで自分のアドレス変更などの連絡をする際には，自分自身への送信の控えや確認ということで自分自身のメールアドレスをTo欄に，連絡したい人のメールアドレスをBcc欄に設定するという使い方をするとよいでしょう。

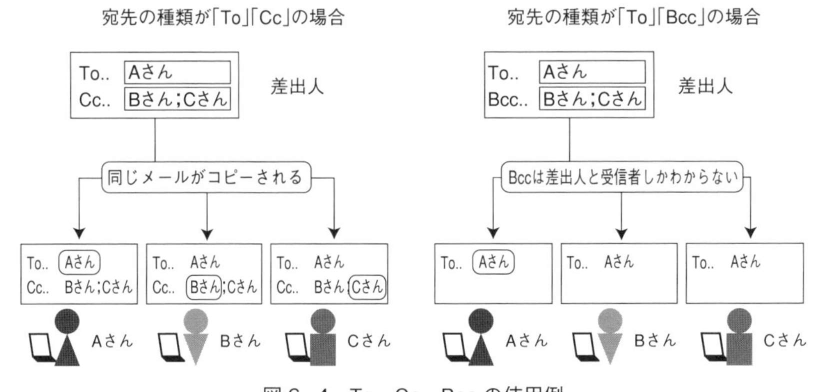

図6-4 To，Cc，Bccの使用例

メーリングリストによる一斉配信

To，Cc，Bccを用いたメールの送信方法以外にも一斉にメールを送信する方法としてメーリングリスト（以下MLと略す）があります。MLはインターネットの電子メールシステムを利用し，あらかじめ登録されている参加者に，メールを一斉に配信するシステムです。MLには,参加者のメールアドレスの「参加者リスト」をまとめる責任者がいて，ML運用に不都合がないかを管理しています。

ある参加者Aさんがメール投稿用のアドレス（メール投函ポスト）にメールを出せば，参加者リストをもとにして，MLの参加者全員に（Aさん自身にも）一斉にAさんのメールが配信されます。

MLに参加するには登録が必要です。登録方法や投稿制限などは，MLの目的によって異なります。一般的には，管理者宛に入会希望のメールを出し，入会承認メールの返事が返ってきたら，メール配信が始まります。MLでは，投稿されたメールのタイトルに連番がついて整理しやすくなっていたり，過去の投稿メールが保存されていて投稿番号で再取得できたりする場合もあります。

MLでのルールやマナー

MLでは電子メールのシステムを利用しますが，多くの参加者に一斉に配信することから，システムの仕組みを理解した以下のような注意が必要です。

(1) 添付ファイルの送信方法を工夫する

いきなりファイルを添付して送らず，まず第一報で概要を知らせ，詳細内容は希望者のみに個別に送るか，参照したWebページのURLなどを記載するなどの工夫が必要です。

(2) 全員に返信，送信する内容かどうか判断する

メールソフトの返信ボタンで設定される返信先アドレス（Reply-To）は，たいていそのML宛になっており，メンバー全員に配信されます。内容によっては発信者だけに返信するほうが適切な場合もあります。

(3) 参加者の利用環境に気を配る

OSやメールソフトが異なると，メールの本文が文字化けすることがあります。メールの本文はHTML形式では送らず，テキスト形式が無難です。

(4) 定期的にメールをチェックする

返事の必要なものはできる限り早く返信するのがマナーです。返信がない場合は了解したものと受け取られかねません。忙しいときには「受け取った，返事はあとで」の1行でも返信しておくことでトラブルを回避できます。

(5) 長期不在やアドレス変更は管理者に連絡する

長期不在をする場合やアドレスを変更した場合は，使っていないアドレスが登録されたまま放置しないようにします。

(6) 件名に用件の特徴を表すキーワードを書く

本文の内容を表す件名の前に用件を表す工夫をしましょう。

(7) 返信メールのタイトルを適切に設定する

場合により，「Re：件名」のままではなく，元の件名に加えて，返信内容に応じた件名（「…に賛成／意見あり」など）にすると，よいとされる場合もあります。

(8) MLで議論ができると思い込まない

文章は気負うと感情が入り，誤解されるもとになります。また，いくら理路整然とした文章でも，長々と書かれたものは読みにくいものです。

(9) MLでは「ゆるい合意」の形成に努める

MLで合意を取りつけたいとき，徐々に合意を作るプロセスが重要です。

(10) 引用に注意する

往復のやりとりが多い場合などは適宜，全文引用か，部分引用を使い分けます。また，引用の引用（2回以上の引用）も読みにくいものです。

1）7人でグループを作り，自分を除く6人を2人ずつそれぞれTo，Cc，Bccに設定し，メッセージの内容には，To，Cc，Bccに誰を設定したかを記述して相互に送信したあとで，それらを受信したメールのヘッダ情報を見て，お互いの存在が見えるかどうかを，次のような表で，○は存在がわかる，×は存在がわからないとして，完成させて確認しましょう。

例）To1が受け取ったメールから，送信者S，To2，Cc1，Cc2の存在はわかるが，Bcc1，Bcc2の存在はわからない。

	S	To1	To2	Cc1	Cc2	Bcc1	Bcc2
S	—	○	○	○	○	○	○
To1	○	—	○	○	○	×	×
To2			—				
Cc1				—			
Cc2					—		
Bcc1						—	
Bcc2							—

6.3 電子掲示板やブログにおける情報発信

電子掲示板

電子掲示板は，掲示板やBBS（Bulletin Board System）とも呼ばれます。大規模な掲示板になると，電子掲示板での発言が社会的な影響を持ちます。電子掲示板というと，問題があるコミュニケーション手段の代表のような印象があるかもしれませんが，健全に運営されている電子掲示板も多数あります。

電子掲示板の規模にかかわらず，そこでやりとりされる内容は世界中から閲覧することが可能です。一人の利用者が面白半分に書き込んだ無責任な発言が，うわさやデマとなって思いもよらない出来事に発展する可能性は十分あります。電子掲示板に発言した内容が法に触れるとして，逮捕されるといったケースも少なくありません。不特定多数とコミュニケーションが成立する有効な手段ですが，発言するときにはその内容に十分注意しながら利用する必要があります。

ブログ

ブログサービスを利用することで内容の更新がブラウザでできるため，特別なソフトウェアの購入や技術の習得が不要です。携帯電話やスマートフォンから手軽に更新できるので，一日に何度も更新されるサイトもあります。また，特有の機能として，コメント機能やトラックバック機能があり，閲覧者からのフィードバックがしやすい双方向のコミュニケーションツールとしての利用も可能です。

コメント機能は，閲覧者が記事の内容に対しての感想を投稿する機能で，投稿したコメントは公開されます。不適切なコメントの削除なども簡単にでき，比較的健全な運営が可能です。

一方で，ブログに広告を掲載して，アフィリエイト（成功報酬型広告）で収入を得るということも増えてきました。また公式ブログと似通った内容のブログや信ぴょう性の低い情報を提供しているものもあります。

多くの人にブログを見てもらうために工夫をするのはよいのですが，閲覧者を増やしたいために，他人のブログにコメントをして誘導するような行為は迷惑となります。

発信者としての責任

電子掲示板やブログは，気軽に情報発信のできる方法として広まり，そして現在ではSNSと繋がっています。読者を楽しませたり，事実を適切に述べたりしているものもたくさんあります。しかし，他人を誹謗中傷する情報が発信されることも増加しており，場合によっては犯罪行為にもなります。また，自分や他人のプライバシーを発信して，思わぬ事態に発展することもあります。

仲間向けの投稿が，短時間でネット上にひろがり，ブログやSNSの投稿などから本人が特定されてしまい，投稿者の名前や失敗事例などがインターネット上で消えない（デジタルタトゥー）ままとなり，就職などにも影響することとなります。自由な表現が認められているインターネットですが，一時的な感情や自分の判断のみで他人の名誉や気持ちを傷つけないように気をつけ，また，自分自身のことも考え，社会の秩序を守る必要があります。

1）電子掲示板やブログにおける情報発信者の責任についてまとめてみましょう。

■参考URL

＊　https://www.keishicho.metro.tokyo.lg.jp/kurashi/cyber/　警視庁：サイバーセキュリティインフォメーション

6.4 ソーシャルメディアによる情報の発信・共有

ソーシャルメディアとは

ソーシャルメディアとは，インターネットを利用して誰でも手軽に情報を発信したり，相互のやりとりができたりする双方向のメディアです。発信した情報は，親しい人だけが見ているだけではなく，いろいろな人がその情報を入手できる可能性があります。

そのため，ちょっとした悪ふざけのつもりで行った行為をソーシャルメディアへ投稿することによって，一般の人々や社会に対して大きな影響を及ぼす事例，発信者本人および関係者がトラブルに巻き込まれたり処罰されたりする事例も生じています*1。

SNSを使ったコミュニケーション

友人や知人といった実際の交友関係をインターネット上にも広げたりネット上での知り合いとつながったりしてコミュニケーションを深める場として，また知りたい情報を集めたり気に入った情報を共有できたりする場を提供するサービスとしてSNS（Social Networking Service）があります。

電子掲示板やブログでは，返信やコメント機能などでコミュニケーションができますが，基本的には不特定多数が相手です。また，読みに行かない限り，電子掲示板や友人のブログに書き込まれた内容を知ることはできません。

SNSでは，そのSNS上での活動を追う設定（フォロー）をした他の利用者の投稿は，自分専用のページ（タイムライン）に自分の投稿と一緒に表示されます。また，他の利用者の投稿にコメントしたり肯定的な意思を表現できるボタンを使ったりして手軽に反応を返すことができますし，気に入った投稿があれば自分をフォローしている他の利用者と共有することもできます。投稿へのコメントや反応がどれくらい集まっているのか表示されるため，その投稿がどのように広まっているのかがわかります。このようなSNS上のつながりによって，興味・関心のある分野の最新情報や深い考察に触れられたり，自分の知らない考え方や新しいアイデアを得られたりすることもあります。

SNSの利用にあたって注意したいこと

自分の投稿や反応に対して，インターネット全体，友人まで，友人の友人までというように，公開範囲を設定できるSNSもあります。しかし，公開範囲をよく確認しないまま利用する人も多く，友人に向けたプライベートな投稿がインターネット上に広がってしまうこともあります。元の投稿を消しても，すでに誰かが投稿を拡散してしまっていたり，Webページを収集して保存するサービスを使われていたりして，ネット上にずっと残ってしまうこともあります。プロフィールや過去の投稿，写真の位置情報などから，第三者に身元を特定されて誹謗中傷され，SNS上だけでなく実生活に深刻な影響が生じる場合もあります。これまでに，仲間内のつもりでアルバイト先でした不適切な行為や反社会的な行為を自慢したために，会社や学校から処分を受けたり，就職する際に採用側にチェックをされて不利な扱いを受けたりするといった事例もあります。たとえ実名で利用していないとしても個人が特定される可能性があることと，自分が投稿した情報は世界中に公開されており，一度自分の手を離れればコントロールがむずかしいことを自覚しなくてはいけません。

SNSは誰もが情報を投稿・拡散できるため，日常的にさまざまな情報が数多く流れてきます。役立つ情報もありますが，まちがった情報や他人を巻き込んで騒ぎを起こそうとする情報もあります。情報を鵜呑みにするのではなく，発信元の信頼性や情報の古さなどを確かめたり複数の情報を比べたりして，情報の信ぴょう性を確認しようとする姿勢が大切です。SNSではまたたくまに情報が広まるため，すぐに投稿・拡散しようとせずに，その情報を誰に届けたいのか，どのように受け止められるのかを想像することを心がけましょう。

また，フォローしている人が多いと，投稿を読んだりコメントなどで反応したりするだけでも時間がかかってしまいます。日常生活での知人とSNSでの知人とが重なっていると，投稿を無視できない，返事をしなければいけないという気持ちになって疲れてしまうこともあるようです。場合によっては，SNS上での言い争いが日常生活でのトラブルに発展することもあるようです。人とのつながりを重視するからこそ，注意しなければいけない点です。

お互いを思いやるコミュニケーション

インターネットが普及することにより，私たちの生活は便利になっていますが，子どもたちの健全な成長に悪影響を及ぼしかねない出来事も増加しています。手軽にコミュニケーションをとることができる反面，他者への思いやりやマナーを大切にする姿勢が求められます。

投稿するときに「いいよ」や「面白いね」という言葉を使うと，前後の文脈で「(受け入れるという意味で) いいよ」と書き込んだにも関わらず，「(遠慮するという意味で) いいよ」と受け取られたり，「(一緒にして楽しい人という敬意を払って) 面白いね」と書き込んだにも関わらず，バカにされていると受けとられたりする可能性があります。短い文章だけで気持ちまで伝えるのはむずかしいため，言葉の行き違いから疎遠になったり，仲間外れにつながったりする恐れがあります。SNSなどでのコミュニケーションで気持ちの行き違いが生じたら，その原因を考えてみることが大切です。また，相手や状況に応じて文字だけでなく絵文字やスタンプも使って気持ちを視覚的に伝える工夫をするなど，相手に敬意を払いながらコミュニケーションすることも大切です。

企業や自治体によるソーシャルメディアの活用

多くの企業や自治体などの組織もソーシャルメディアを活用しています。

企業では，自社の商品やサービスをアピールする広告や社会貢献などを紹介する広報だけではなく，その活用方法を紹介したり使用上の注意を伝えたりするサポートのような顧客とのつながりを重視した活用もされています。自治体では，地域活性化のために人気スポットやイベントなどの地域の魅力をアピールしたり，地域住民にとって必要な生活情報を普段から発信して住民とのつながりを深めようとしたりしています。また災害発生時には，河川の状況，避難先などの緊急性の高い情報を住民に向けて発信し，住民からの救援要請や被災情報を収集することにもSNSを活用しています。

日々の投稿から担当者の人柄が伝わって親しみをもたれ，多くの人にフォローされている企業や自治体もあります。一方で，投稿の意図しない受け取られ方や不適切な投稿のために，批判的なコメントが殺到する，いわゆる炎上することがあります。炎上してしまうと，その企業や自治体のイメージや信頼は大きく低下してしまいます。活動のルールやトラブルへの対策を策定しておくことが，消費者や住民との信頼関係の構築にもつながります。

よく利用されるソーシャルメディア

(1) X（エックス）

X（旧Twitter：ツイッター）は140文字以内の短い文章を投稿（ポスト）ができるサービスです。他の利用者をフォローすることで，自分のタイムラインに自分やフォローしている人たちの投稿・返信などの活動が時系列かつリアルタイムに表示されます。自分の近況などをつぶやいたり，他の人の投稿に返信や肯定的な反応を返したりすることで，手軽なコミュニケーションができます。他の人の投稿を再投稿（リポスト）して自分をフォローしている人に広める機能もあり，情報の共有もしやすくなっています。

Xの前身であるTwitterが活用されたよい例が東日本大震災でしょう。さまざまな人たちが各地の交通情報や災害情報などを発信し，テレビなどの放送では伝えられない情報を広めていくことができました。今も同じように，大きな災害が起こったときには多くの情報が発信・拡散されています。

(2) LINE（ライン）

友人どうしのコミュニケーションという意味ではSNSと似ていますが，チャット（トーク）や無料通話など，リアルタイムのコミュニケーションを重視しているのがLINEです。文字を使わずにスタンプだけで気持ちを表現してコミュニケーションできることが特徴で，幅広い年代の人々に利用されています。

LINEでは，1対1だけでなく，グループを作って多人数でメッセージのやりとりができます。友人からのメッセージを読めば，メッセージ元の友人の画面には既読になったことが表示されます。メッセージを読んだか読んでいないかがわかってしまうため，相手との関係性によっては既読にならないためにネガティブな感情を抱いてしまうこともあります。

利用する際にはIDを作成しますが，そのIDから利用者を検索する機能やLINE以外の掲示板などでIDが公開されて，見知らぬ人とつながってしまう恐れもあります。このようなことを防ぐ設定をしておく必要があるでしょう。

(3) Facebook（フェイスブック）

Facebookは，世界最大のSNSであり，基本的に実名登録で利用されていることが特徴です。利用するには自分の個人情報を登録するので，お互いの素性がわかる安心したコミュニケーションができ，疎遠になっていた旧友と再会するきっかけとなることもあります。また，グループを作成してコミュニケーションを深めることもできます。

原則実名登録されているSNSであるとはいえ，偽名登録されている場合も少なからずあるようです。Facebook内でつながりを持つ「友達」になる場合は，実際に会ったことがある人とその場で行うか，メールなどの他の手段でお互いに確認しあってから行った方がいいでしょう。

(4) Instagram（インスタグラム）とTikTok（ティックトック）

Instagramは，写真や動画を投稿したり他の利用者の投稿にコメントなどの反応をしたりすることによる，写真や動画を中心としたコミュニケーションが特徴です。フィルター機能を使って写真や動画を加工でき，位置情報や他の利用者とひもづけるための「タグ」を追加する編集機能もあるので，他の利用者と写真や動画を楽しみながらつながりをもつことができます。また，フォローしている人に向けて24時間だけ短い動画を公開する「ストーリーズ」機能はリアルタイム感があることから人気のある機能です。

TikTokは動画に特化したSNSです。最大３分間の短い動画を撮影して，手軽に編集したり特殊効果を加えたりすることができます。作成した動画を投稿したり，他の利用者の動画にコメントしたりするなどしてコミュニケーションが生まれます。動画にはBGMを設定することができ，音楽著作権管理団体と包括契約を締結しているため，TikTokから提供されている楽曲であれば自由に利用できます。

InstagramもTikTokも若者に人気があるSNSですが，注目される写真や動画を撮影しようとして問題が生じることがあります。公共の場所で騒ぐような迷惑行為やマナー違反をして撮影したり，撮影禁止のイベントを盗撮した動画を投稿したりすることが問題視されています。また，無断で他人の顔や姿を撮影されて公開したり，撮影したものに個人情報が映りこんだりすると，肖像権やプライバシー権の侵害となる場合があります。著作権も含めて，投稿しようとする際に他人の権利に十分気をつけることが求められます。

(5) 動画共有サービスとライブ配信サービス

YouTubeをはじめとする動画共有サービスは，一般人や有名人といった個人，企業や自治体などの組織が多様な動画を公開しており，幅広い年代の人に楽しまれています。視聴者からのコメントを反映した動画が投稿されることもあり，動画を通じたコミュニケーションを形作っています。動画を継続して投稿している人は，配信者やYouTuber（ユーチューバー）と呼ばれ，投稿した動画に伴う広告収入などから主な生計を立てている人もいます。

また，映像を生中継するライブ配信サービスも人気を集めています。コメントが画面上を流れたり他のSNSと連携したりするライブ配信専門のサービスもありますが，YouTubeやInstagram，TikTokでもライブ配信ができます。雑談，歌唱や演奏，ゲーム実況などの多くのジャンルの映像が配信され，視聴者からのコメントで盛り上がったりします。また，テレビ番組のような気象情報やスポーツ中継のライブ配信も話題になっています。

動画の配信サービスが盛り上がる一方で，他者への迷惑行為や過激な内容の動画を投稿・配信することが社会問題になることがあります。たとえ視聴者がいるからといっても，他者への心遣いを忘れないようにしたいものです。

1) スマートフォンの位置情報が設定されているときに，SNSの利用で気をつけなければならないことを考えてみましょう。
2) それぞれのSNSについて，利用可能な年齢，不適切な投稿やコメントがあったときの対処など，安全安心な利用のための機能について調べて，比較できるようにまとめてみましょう。

■参考URL

＊1　https://www.soumu.go.jp/hakusho-kids/use/market/market_01.html　総務省：ソーシャルメディア利用のメリットとデメリット

＊　https://www.iajapan.org/bamen/　一般社団法人インターネット協会：インターネットを利用する際に，知っておきたい『その時の場面集』

＊　https://www.soumu.go.jp/use_the_internet_wisely/special/sns/　総務省：【特集】SNS等の誹謗中傷 | 安心・安全なインターネット利用ガイド

＊　https://smaj.or.jp/safety/　一般社団法人ソーシャルメディア利用環境整備機構：安心・安全の取り組み

6.5 Webページによる情報発信

Webページの制作

Webページを閲覧していて,「これはすばらしい情報に出合った」と思うとき,反対に「見にくいページだなあ」と思うときがあります。どういった点に注意すると見る人に喜ばれるのか,好まれないWebページとはどういうものかを,Webページを制作する立場で整理します。

(1) 何を伝えたいのかわからない

Webページでは,発信者としてある内容を受信者に誤解なく伝える責任があります。まず第三者に伝えるべき内容であるか,その内容の信ぴょう性に責任を持てるか,内容が整理されているかといった点は,情報の発信者として注意する必要があります。

(2) 見る気がしない

画面いっぱいにテキストが出てきたら,そのページは最後まで読まれる可能性は非常に少ないと思われます。テキストだけのページであっても,フォントの大きさや色を変えて要点を強調したり,空行を挿入して段落を設定したりするなど工夫が必要です。また映像・音声といった素材を効果的に使って表現されたものも見やすさを助けるかもしれません。

(3) 画像の表示に時間がかかる

一般に画像の多いページは表示に非常に時間がかかる場合があります。時間をかけて表示されたものが求めていたものであれば待つかいもありますが,表示されたものが必要なものでなかったときはたいへんがっかりするものです。

また,画像の表示ができない場合を考えて,画像の代わりに表示する「代替テキスト」の設定も必須です。

(4) 文字化け

Webページに設定した文字コードが適切でない場合,見る人の環境によってはいわゆる文字化けが発生し,意味不明な文字が表示されてしまいます。

制作・管理上の注意点

(1) 個人情報の掲載について

制作者としての情報を伝えることは必要ですが，個人情報を載せることについては，十分検討して必要最小限にすべきです。Webページは全世界から閲覧可能です。悪意ある利用者の目にふれたとき，それは犯罪に直結します。ストーカー行為やなりすましによる詐欺事件などに発展することもあります。むやみに氏名・住所・電話番号などを掲載することは避けましょう。特に教育機関では，個人が特定できるような児童・生徒の顔写真や氏名などは，Webページに掲載しないことをルールとしていることが多いようです。

(2) 無断リンク

リンクを張ることは，Webページへの入り口を増やすことにつながりますから，基本的には歓迎されることが多いようです。一般に，公開された誰でもアクセスすることができるWebページに外部からリンクを張ることに対して，何らかの制限をつけること（例：トップページ以外にリンクを張ることを禁止したり事前または事後に許諾を求めたりするなど）は，マナーやエチケットとして求められることはあっても，法的な根拠はありません。しかし，フレーム機能を利用して他人のWebページをあたかも自分のWebページの一部のような表示をすることは問題があります。フレーム機能で表示されることを断っているWebページを利用しないことは当然ですが，少なくとも，他人のページにリンクを張って表示をさせるときには，タイトルやURLなど出典元の情報が表示されることは保証すべきでしょう。

(3) 著作権・肖像権・商標権など

たとえば，自分のWebページにミッキーマウスの絵を掲載することは「ミッキーマウスの著作権や商標権を管理する者の許可」があってはじめて可能になります。たとえペイントソフトで自分が描いたミッキーマウスであっても，手描きの絵をスキャナで取り込んだものであっても許されません。自分のWebページに掲載する素材は，自分で作ったオリジナルなものか著作権フリーと明記されている素材に限ります。

また顔写真の掲載も，写っている人の肖像権の問題をクリアしているか確認が必要です。Webページに掲載された写真は簡単にダウンロードし加工できます。どのように悪用されるか予想もできません。顔写真の掲載については，よりいっそうの注意が必要です。

(4) 発信した後の管理

Webページをアップロードすると，そのページは半永久的にインターネット上に存在し続けます。古くなったり変更されたりした情報を更新したり削除したりすることは，制作する側の責任です。定期的に自分が管理するWebページを点検し，更新・削除の必要がないかチェックする必要があります。見落としがちなのが，リンク先のチェックです。特に他人のページにリンクを張っているときは，いつのまにかそのページがなくなっていてリンクをたどれないということもあります。確実にリンク先に行けるかのチェックも忘れてはいけません。

Webアクセシビリティ

あなたの使っているOSやブラウザは，必ずしも閲覧する人が利用しているブラウザと同じものではありません。自分とは異なる利用環境の人にあなたの作ったページがどのように見えているかを考える必要があります。

たとえば，視覚障害者は，表示されたテキストを読み上げるスクリーンリーダを使用しています。画像だけのページではこのソフトはお手上げです。画像にはどのような画像が表示されているかを説明する代替テキストを設定するなどの配慮が必要です。

文字の拡大機能を必要とする利用者もいます。レイアウトを崩さないように文字を拡大できるブラウザが支持されています。また色覚に特性のある利用者には，色合いを調整できるブラウザの利用も考えられます。こうした利用者すべてに対応することは困難かもしれませんが，できるだけ多くの利用者に情報が提供されるように配慮したいものです。

障害の有無やその程度，年齢などにかかわらず，あらゆる人々にとってWebページを利用しやすくすることをWebアクセシビリティといい，これを向上させることの重要性が注目されています。

デジタル庁の「ウェブアクセシビリティ導入ガイドブック」*1では，みんなが使えるWebページの作り方として，Webアクセシビリティを保証するために達成すべきことを利用者への影響や重要性の観点から4つのポイントで区分して，23項目を示しています。ここでは，その一部を示します。

表6-3　ウェブアクセシビリティで達成すべきことの一部

・自動再生はさせない
・光の点滅は危険
・自動でコンテンツを切り替えない
・画像が指し示している情報を代替テキストとして付与する
・キーボード操作だけで，サービスすべてにアクセスすることを可能にする
・操作に制限時間を設けてはいけない
・赤字・太字・下線・拡大など単一の表現のみで情報を伝えてはいけない
・スクリーンリーダで順に読み上げたときに，意味が通じる順序になっている
・見出し要素だけで，セクションやブロックに含まれる要素を表現する
・文字と背景の間に十分なコントラスト比を保つ
・テキストの拡大縮小をしても情報が読み取れる
・ページの内容を示すタイトルを適切に表現する
・ナビゲーションに一貫性をもたせる

また，総務省では，ウェブアクセシビリティを評価するためのツール*2を公表しています。2016年4月に施行され2021年5月に改正された「障害者差別解消法」では，公的機関だけでなく企業や団体にWebアクセシビリティへの対応が求められています。このようなツールを利用して，作成したページをチェックしてみることも必要であると考えられます。

1）Webページについて，どのような配慮が必要か考えてみましょう。

■参考URL

＊1　https://www.digital.go.jp/resources/introduction-to-web-accessibility-guidebook　ウェブアクセシビリティ導入ガイドブック　デジタル庁

＊2　https://www.soumu.go.jp/main_sosiki/joho_tsusin/b_free/michecker.html　みんなのアクセシビリティ評価ツール：miChecker (エムアイチェッカー)Ver.3.1

6.6 遠隔コミュニケーション

ネット上のコミュニケーション技術の進化

コンピュータやネットワーク技術の進歩によって，音声や映像を用いた表現力の豊かなコミュニケーションを手軽にできるようになりました。電子メールやSNSなど，従来からあるネット上のコミュニケーションは，おもに文字を使う手段です。現在では，情報通信技術の進歩によって，音声や映像を利用してお互いの声や表情など多くの情報をリアルタイムにやりとりすることができます。通信と通話が同時にできるように，ネットワークを利用したコミュニケーションは大きく進化しています。

個人で利用できるリアルタイムなコミュニケーション

インスタントメッセンジャーやチャットツールなどのコミュニケーションツールの多くには，音声を利用したボイスチャット機能が備わっています。パソコンやスマートフォンに接続・内蔵されたマイクとイヤホンを使って，複数の参加者がリアルタイムに会話できます。

また，パソコンやスマートフォンに接続・内蔵されたカメラで映した参加者の映像をリアルタイムに伝送する，ビデオチャット機能を搭載したものもあります。個人向けのため，一度に会話できる人数は限られますが，対面と同じようなリアルタイムな会話を手軽に利用できます。さらに，参加者間でのファイルの送受信や画面の共有が行える機能もあり，ネットワークを活用したより高度なコミュニケーションができます。使用する機器や通信状況によっては通話の音声や映像の品質が良くない場合がありますが，インターネットへの通信料だけで通話料がかからず，手軽に利用できることが特徴です。

オンラインゲームでは，ゲームをしながら文字や音声でメッセージをやりとりできるゲーム内の機能やゲーム向けのコミュニケーションツールを利用して，対戦したりチームとして協力したりするプレーヤーどうしが新しい交友関係を築くことができるようになっています。

リアルタイムなコミュニケーションは楽しいものですが，没頭しすぎて生活に悪影響を及ぼすこともあります。また，個人情報を誤って共有してプライバシーを侵害したりファイル交換機能で著作物の不当なやりとりが行われたりすることも問題です。利用者一人ひとりの適切な利用が望まれます。

さまざまな分野での遠隔コミュニケーションの活用

ビジネスでの会議や遠隔授業，遠隔医療では，テレビ会議専用のシステムが利用されることがあります。高音質・高画質で，同時に画面やプレゼンテーションなどの資料を参加者間で共有することができます。ズームや向きを変えるなどのカメラの操作ができるものもあります。

また，2020年の新型コロナウイルス感染症の感染拡大を防止するための対策として，リモートワークやオンライン授業が推奨されたことで，Webを利用したビデオ会議システムが広く普及しました。テレビ会議で使用するような高価な機材は必要なく，カメラやマイクが接続・内蔵されたパソコンやスマートフォンがあれば，専用のソフトやブラウザから誰もがオンライン上でミーティングやイベントを開催・参加できます。その利便性から，官公庁や企業，学校だけでなく，医療や福祉，地域の会合など多様な現場で利用されています。このような遠隔コミュニケーションでは，他の参加者や自分自身のプライバシーを守ることが大事ですし，自分の発言を明確にして伝わりやすくしたり，相手の発言を最後まで聞くようにしたりするなど，円滑なコミュニケーションのために対面よりも気をつけることが求められます。

1）オンライン会議に参加する上で注意するポイントやマナーを調べてみましょう。

■参考URL

＊　https://schoo.jp/biz/column/776　Schoo：オンラインマナーとは｜オンラインミーティングのマナーについて解説

＊　https://go.chatwork.com/ja/column/telework/telework-124.html　Chatwork：Web会議で気をつけることやWeb会議の注意点とは？

＊　https://www.epson.jp/products/bizprojector/knowhow/webmeet2.htm　EPSON：Web会議のコツは？服装などのマナーやルールと進め方をご紹介

チェーンメール

文書の転送を強要したり，不特定多数への転送をしなければならないように思わせたりする内容のメールをチェーンメールといいます。一般の郵便では「不幸の手紙」とも呼ばれますが，郵便では文字を書いたりポストへ投函にでかけたりするなど手間がかかるので，あまり広がることはありません。しかし電子メールを媒体にすると，気軽に転送することができるので，あっという間に世界中に広まってしまいます。また近年では，LINEでのチェーンメール（チェーンLINE）による若者の被害が増えています。

受け取ってしまうと，すぐに転送しないといけないと不安に思うかもしれません。しかし，このようなメールを受け取ったときは，すぐにゴミ箱へ捨てることです。なぜなら，真偽の判断に迷うような内容を鵜呑みにしてメールを転送すると，ネットワークではねずみ算式にまたたくまに情報が広まり，その結果，ネットワークに大きな負荷を与えてしまい，それが障害となって，本当に必要な情報が届かなくなってしまうようなことが起こり得るからです。どうしても不特定多数の人に知らせる必要が生じたときは，WebサイトやSNSなどに掲載するなどの方法が考えられます。あまりにも頻繁に同じ発信源のチェーンメールが届くときは，ネットワークの管理者に相談しましょう。

かつて，「輸血用の血液が不足しています」という善意のチェーンメールが流れたことがありました。このチェーンメールに対して，多くの人に情報が瞬時に伝わり輸血協力者が見つかる可能性が高いので，患者さんの生命を救うためにはやむを得ないという意見と，たとえ人命に関わるような場合であっても，やはり，真実かどうかの判断ができないのでチェーンメールはよくないという正反対の意見がありました。

特定多数の人の協力を必要とする場合，情報伝達の手段としてはチェーンメール以外に適切な方法があるので，その特徴を十分に理解した上で適切な情報伝達の手段を利用することが大切です。

第7章 インターネットと犯罪

本来，「犯罪」の意味は，他人や社会に対して損害や被害を及ぼす行為をいいます。そのなかで，コンピュータや周辺機器，あるいは，ネットワークを介して及ぼす犯罪行為を「サイバー犯罪」と呼んでいます。

情報社会では，誰もがコンピュータを扱えるようになり，インターネットの普及とともに，さまざまな情報の恩恵を受けるようになってきました。このことは，誰もがサイバー犯罪の被害者となる危険性や加害者になる可能性があることを意味しています。情報技術やそれを応用した社会システムの発展は目覚ましく，変化が激しい中で，サイバー犯罪の形態は，従来の犯罪と異なる特徴を持っています。

この章では，インターネットに関わる犯罪の例とその対策について考えていきます。

7.1 サイバー犯罪

サイバー犯罪

ハイテク犯罪，コンピュータ犯罪など似たような言い方もありますが，わが国の警察庁は「サイバー犯罪」を公式用語とし，「情報技術を利用する犯罪」あるいは「コンピュータやインターネットを利用した犯罪」と定義しています*1。

サイバー犯罪には，正当な利用だとコンピュータに誤認させる「コンピュータ・電磁的記録対象犯罪」と「不正アクセス」ならびにネットワークを利用して行われる「ネットワーク利用犯罪」があります。

コンピュータ・電磁的記録対象犯罪

①電子計算機使用詐欺：他人のクレジットカード情報を盗み，それでネットでの金銭決済を行うなどです（刑法246条の２）。

②電磁的記録不正作出・毀棄：他人のパスワードを書き換えたり（同法161条の２），偽造キャッシュカードを作成する（同法163条の２）などです。

③電子計算機損壊等業務妨害：企業のサーバに侵入して，ホームページを書き換える行為，DoS攻撃などによって他人のコンピュータの使用を困難にする行為などがあります（同法234条の２）。

④不正指令電磁的記録：コンピュータウイルスの作成や提供，取得，保管などをすることです（同法168条の２，３）。

不正アクセス

「不正アクセス行為の禁止等に関する法律」（不正アクセス禁止法）で処罰される行為で，オンラインゲームのアイテムを取得するなどの目的で，IDやパスワードを本人に無断で使用して，電子計算機にログオンする行為（なりすまし）が代表的です。他人のIDやパスワードを取得する手段としては，フィッシング，キーロガー，コンピュータウイルスによって流出した情報のほか，公衆無線LANの悪用，ソーシャルクラッキングの手法などが用いられます。

ネットワーク利用犯罪

①ネット詐欺：オークションで商品を売るとして金銭を振り込ませ，消えてしまったり（雲隠れ），知らないとしたり（しらばくれる），架空請求，ワンクリック詐欺，インターネットオークションの次点詐欺，モニター詐欺などが代表的です（刑法246条）。また，いわゆる「ネズミ講」も，「無限連鎖講の防止に関する法律」で処罰されます。

②知的財産権侵害：違法にコピーされた，いわゆる海賊版の書籍の画像データをサイトで公衆送信したり，偽ブランドの商品をネットで販売するなどの行為があります（著作権法，商標法違反など）。

③違法物販売など：覚せい剤や大麻，銃砲刀剣類の販売や賭博などがあります。

④風評被害などの脅威：名誉毀損（刑法230条），侮辱（同法231条），脅迫（同法222条）などのほか，「あの会社（や銀行）は倒産するかもしれない」といったネットへの書き込みが「信用毀損罪」（同法233条），大量のメール送信などが「偽計業務妨害罪」（同条）に，犯行予告が「威力業務妨害罪」（同法234条）に該当することがあるほか，ストーカー行為規制法の問題もあります。

⑤わいせつ物頒布：外国のサーバで公開しても，日本からアップロードした場合は犯罪になります（わいせつ物頒布・陳列罪，同法175条，大阪地裁1999.3.19判決）。また，児童ポルノに関してはさらに厳しい基準があります（児童買春・児童ポルノ禁止法）。

⑥性犯罪：売春防止法，児童買春・児童ポルノ禁止法，児童福祉法，各自治体の青少年保護育成条例などへの違反があります。なお，特に18歳未満の児童が被害にあうことを防ぐために，「インターネット異性紹介事業を利用して児童を誘引する行為の規制等に関する法律」（出会い系サイト規制法）があり，事業者や保護者に義務を課しています。

1）警察庁のWebページで，サイバー犯罪の検挙件数などの実態について調べてみましょう。

■参考URL

＊1　https://www.npa.go.jp/bureau/cyber/　警察庁：サイバー警察局

7.2 不正アクセス

システム破壊につながる不正アクセス

インターネットは，それにつながるコンピュータ上の情報の公開やデータの交換などにより，私たちにさまざまな利益や利便性をもたらしています。しかし，それぞれのコンピュータは，必ずしも自由にアクセスを許しているわけではありません。アクセスが許されるのは，それぞれシステム管理者が許可した範囲やファイルの所有者が定めた条件によりますが，その許可された範囲や条件を越えてアクセスする行為が「不正アクセス」です（図7-1）。

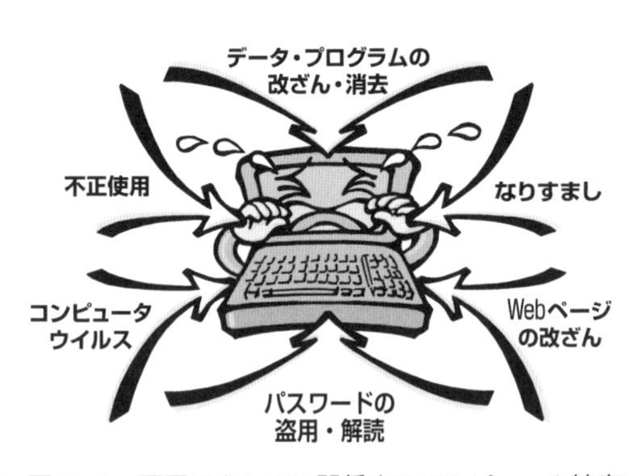

図7-1　不正アクセスに関係するコンピュータ被害

不正アクセスを受けたシステムやコンピュータでは，ファイルをのぞかれるだけでなく，パスワード関連のファイルの盗用や解読，データの改ざんや削除，はてはシステムの破壊などの被害につながる可能性があります。

不正アクセスには2種類のタイプがあります。一つは，ネットワークシステムに使われているプログラムや環境の技術的な不備（セキュリティホール）を突いて不正に侵入する場合（クラッキング）で，もう一つは，なんらかの方法で正規のユーザIDとパスワードを不正取得し，本来の使用許可者に「なりすます」場合です。

このような不正アクセスに対して，2000年2月に「不正アクセス行為の禁止等に関する法律（不正アクセス禁止法）」が施行されました。この法律には，「高度情報通信社会の健全な発達」を目的として，不正アクセスに対する処罰，システムの管理責任，不正アクセスを受けた場合の援助や犯罪防止について示されています。不正アクセスを行いなんらかの被害を及ぼした場合だけでなく，

「不正アクセスする」「他人のパスワードなどを教えて不正アクセス行為を助長する」だけで，処罰の対象となります。

さらに，フィッシング詐欺のような不正アクセスに関する事件の増加を受けて，2012年5月に改正されて，処罰される行為と罰則が強化されました。他人のユーザIDとパスワードの不正な取得と流通を防止するために，「不正アクセスのために他人のユーザIDとパスワードを不正に取得する」「不正アクセスのために不正に取得された他人のユーザIDとパスワードを保管する」「他人のユーザIDとパスワードを入手するためのWebサイト（フィッシングサイト）を作成して公開する」「ユーザIDなどの入力を求めるメールを送信して不正に入手しようとする」といった行為も処罰の対象となりました。

セキュリティホールを狙って

インターネットでは，Webページの公開や電子メール，ファイル共有などのさまざまなサービスが提供されています。このサービスを提供するコンピュータプログラムの機能的な不備や設定ミスにより生じたセキュリティホールを悪用して不正アクセスを試みたり，実行する人たちがいます。

データの書き換え事件には，大手の自動車メーカーや鉄道会社，官公庁など社会的に影響を与えるWebページが不正アクセスによって書き換えられた事例が数多くあります。2005年には，パソコンや周辺機器，家電などの価格情報を提供している企業のWebページで，利用者が情報にアクセスするとコンピュータウイルスに感染する事件が発生しました。不正アクセスによりシステムが改ざんされたことが原因でサービスを一時停止せざるを得なくなり，連携するネット販売店の注文が大きく減るなどの被害が生じ，企業としての信頼を損なうことになりました。

国際間での不正アクセスは事件が多く発生しており，それぞれの国の法律基準が異なることによる犯人逮捕や問題解決のむずかしさが課題となっていました。現在，国を越えてサイバー犯罪を取り締まるための対策が国連を中心に進められています

知らないあいだになりすまされる怖さ

SNSやインターネットショッピングなどのサービスを利用するには，サービ

ス提供事業者ごとのユーザIDとパスワードが必要です。しかし，自分の不注意や不正アクセスなどが原因で，自分のユーザIDとパスワードを他人に知られて無断利用されてしまう「なりすまし」にあう危険があります。なりすました側は不正アクセス禁止法の処罰の対象となります。

最近ではSNSでの被害が増えています。他人になりすまして，不適切なメッセージや画像を投稿して他の利用者を不快にさせるような事例があります。また，家族や友人になりすまし，プリペイドカードなどを購入させてカード番号を聞き出し金銭をだまし取ったり，SNSに登録しているメールアドレスや電話番号と認証番号を聞き出してアカウントを乗っ取ったりする事例もあります。相手からのメッセージがおかしいと思ったら，その場で返事をせずに，直接会ったり別の手段で連絡をとったりして確認したほうがよいでしょう。

特定の組織を狙った不正アクセス

企業や公共機関，官公庁などの特定の組織を標的として，取引先や実在する人物に巧妙になりすましたメールを送り，その添付ファイルからコンピュータウイルスに感染させて組織内部に潜入し，遠隔操作などにより情報を盗み取るなどの，標的型攻撃による被害が世界中で深刻になっています。

2016年6月，大手旅行会社が標的型攻撃の被害にあい，約680万件の個人情報が漏えいしてしまいました。顧客情報や知的財産のような組織の重要な情報が狙われる傾向にあります。

また近年では，ランサムウェアによる被害が深刻化しています。ランサムウェアとは，感染させたシステムに保存しているデータを暗号化などによって使用できない状態にし，そのデータを復旧させることと引き換えに身代金を要求するメッセージを表示する不正プログラムです。

以前は不特定多数に向けてメールを送りつけて感染させる手口が多かったのですが，近年では企業や行政，医療機関などのさまざまな組織を狙い，そのネットワークに侵入する手口が増えており，世界各地で被害が広がっています。身代金を要求するだけでなく，身代金が支払われなければ感染したシステムから盗んだデータを公開すると脅迫するという，悪質な行為も目立ちます。

2024年には，日本の大手メディア企業が運営する動画共有サービスがランサムウェアの被害を受け，関連するグループ企業のシステムにも被害が及び，約25万人分もの個人情報が流出してしまいました。

システム管理者や利用者が行う対策

システム管理者が行う対策として，セキュリティに関する情報を把握して，システムに使用されるソフトウェアは最新のものに更新しておくことがあげられます。また，情報セキュリティ関連団体から提供される不正アクセスに関する最新情報をもとに，利用者へのセキュリティ教育や対策を速やかにとることが，管理者の職業倫理として必要です。さらに，システムの管理機能を用いて，利用者の利用時間の記録やアクセスの経路情報をデータとして残すことも大事です。

不正アクセスが行われた場合，不正アクセス禁止法のもとで，管理者から各都道府県公安委員会に対し防止のための援助を求めることができます。手口の分析，不正アクセスの場所や犯人をたどるなどの対応が行われます。

利用者としても，ブラウザソフトやウイルス対策ソフトを最新の状態に維持することが大切です。それでも不正アクセスによってなりすまされる可能性もあるため，パスワードの取り扱いに注意する必要があります。特に，安易なパスワードの設定や複数のサービスでの同じパスワードの使用は避けるべきです。また，不審なメールやWebページを開かないことにも気をつけないといけません。被害にあったときには，システム管理者やサービス提供事業者に速やかに報告しましょう。

1）不正アクセス禁止法における処罰内容について，調べてみましょう。
2）不正アクセスの防止は，システム管理者に負うところが大きいですが，身近でも，ユーザ名とパスワードの管理の注意を怠ると他人になりすまされる可能性があります。ユーザー人ひとりが注意すべきことをあげてみましょう。

■参考URL

＊　https://www.jpcert.or.jp/　JPCERT コーディネーションセンター
＊　https://www.npa.go.jp/bureau/cyber/　警察庁：サイバー警察局
＊　https://www.soumu.go.jp/main_sosiki/cybersecurity/kokumin/　総務省：国民のための情報セキュリティサイト

7.3 ネット詐欺

安易な行動を狙った詐欺

インターネットの普及によって，いつでもどこででも好きなときに，商品や情報などを手に入れることができるようになりました。しかし，その手軽さや安易さにつけこみ，他人を騙して金品や個人情報を盗もうとする犯罪が増えています。

インターネットの特長として，「同時に多数の人々へ情報が発信できる」「時間や場所に依存しない」「高い匿名性がある」ということがあげられます。この特長は反対に,「無差別に不特定多数の人々を対象に」「相手の都合を無視して」「自分の痕跡を残さずに」という悪用の手段にもなります。

インターネットを使えば，実社会での対面や書面などによる取引のように，相手を確認しながら時間や手間をかけて取引する必要はありません。しかし，そこに私たちの判断を誤らせる危険性が潜んでいます。画面に表示されている説明を鵜呑みにし，情報の真偽を判断するのに十分な情報を集めたり誰かに相談したりせずに，即座に判断をしてしまう可能性があります。不用意な行動こそが，詐欺をしようとする人たちの思う壺になります。

クリックしただけで料金請求

心理的な弱みにつけこむのが, アクセスしてきた人に不当な料金を請求する「ワンクリック詐欺」です。届いたメールに書かれたリンク先や興味本位で訪れたサイトで,「入場する」「はい」などのようなボタンをクリックすると, いきなり「登録されました」という契約が結ばれたこととともに，支払期限つきの料金請求が表示されるという手口です。

有料の申し込みになることを利用者に明示しない契約や，申し込みを訂正できるようにしない契約は法的に無効です。しかし，突然のことで驚いてしまうこと，パソコンのIPアドレスや携帯電話の個体識別番号などから身元が特定できるかのような説明があり，期限内に支払わない場合は訴訟を起こしたり直接訪問したりするかのような内容を示すことで，巧みに相手を脅かして騙そうとします。アクセスした側は，自分からアクセスしてしまった事実や，トラブルに巻き込まれたくないとの思いから，不安やパニックにおちいってしまいお金を支払ってしまう危険性があります。また，アダルトサイトや有料サイトに仕掛けられる場合が多く，そこからの請求を家族などに知られたくないという後ろめたさを利用して，お金を騙し取るのです。

2005年7月には，ワンクリック詐欺のソフトを開発した会社の社長と従業員が，詐欺の容疑で逮捕されました。さらに，アダルト動画サイトの退会料の名目で電子マネーの利用番号を聞き出して騙し取ったとして，2017年2月にサイトの運営者ら6人が詐欺容疑で逮捕されています。古典的な手口ですが形を変えながら続いており，年々巧妙化しているので，今後も注意が必要です。

フィッシング詐欺で盗み取った情報を悪用

金融機関などの実在する企業をかたってメールやSMS（ショートメッセージ）を送りつけて，偽のサイトに誘導して重要な情報を盗み出す，フィッシング（phishing）詐欺による被害が深刻な社会問題となっています。

送られてくるメッセージは，銀行やカード会社からの緊急性のある情報確認，配達業者からの不在連絡などで，送信者名を詐称し，もっともらしい内容になっています。そのメッセージに掲載されたリンクから偽サイト（フィッシングサイト）に誘導して，IDやパスワード，口座情報やカード番号，個人情報を入力させます。偽サイトは本物の企業サイトとそっくりで，一見しただけでは偽物と判断できません。そうして，入力された情報を盗み取るのです。

盗み取られた情報は悪用され，預貯金を知らない口座に不正送金されてしまったり，ネットショッピングで勝手に買い物をされたりします。最悪の場合は，新たなフィッシング詐欺に使われる可能性もあります。そのことに気づくのは，被害が判明した時というのがたいへん恐ろしいところです。

組織による大規模な被害が懸念されています。2023年5月に，他人の電子決済のアカウントを不正使用した詐欺事件で逮捕された男性が，不正アクセス禁止法違反の容疑で再逮捕されました。押収されたパソコンから偽サイトとその作り方のマニュアル，不正に入手したとみられる約290万件のIDとパスワードなどが確認され，大がかりな詐欺グループが関わっているとみられています。

手口が多様化するネット詐欺

今やインターネットはさまざまな年代の人々に利用されており，使い方も人それぞれです。それに伴い，ネット詐欺は多様化し，高齢者だけでなく若者もターゲットにされています。

Webページを閲覧中に,突然警告音を鳴らして「ウイルスに感染しました！」などの偽の警告画面を表示させて不安をあおり，画面に表示されたサポート窓口に電話をかけさせ，言葉巧みにサポートの名目で金銭をだまし取る詐欺を，サポート詐欺といいます。遠隔操作ソフトをインストールさせるものもあり，不正行為に使われる危険があります。また，ネットショッピングで購入した商品が欠品のために返金するという販売店からの連絡があり，コード決済での払い戻しになると言われ，電話やSNSでやりとりして返金手続きをすると，実はそのコード決済で送金してしまっていたという詐欺もあります。

さらに，SNSを使った詐欺はたいへん手口が巧妙です。著名人の名前や写真を悪用するなどして「必ず儲かる投資方法を教えます」などの広告をWebページに掲載したりメッセージで送りつけたりして，SNSや偽の投資アプリなどに誘導した上で投資に関するやりとりを重ねて，最終的にさまざまな名目で金銭を振り込ませる「SNS型投資詐欺」はそのひとつです。SNSやマッチングアプリなどで出会った異性と，実際に直接会うことなくやりとりをするうちに恋愛感情や親近感を抱かせて，二人の将来のための資金が必要だと匂わせて投資を勧め，金銭を騙し取る「SNS型ロマンス詐欺」という手口もあります。どちらも，SNSでのやり取りで相手に信頼感や親近感を抱かせるのが特徴で，はじめは利益が出たように偽の情報で信用させて，何度も投資させた上に高額な手数料などを要求してきます。確実に儲かるようなうまい話はないですし，直接会ったことがない人とお金のやり取りをするのはたいへん危険です。

慎重な行動とゆとりを持って自己防衛

インターネットを利用する際，インターネットの手軽さにふり回されず，慎重にゆとりを持った行動をすることが，詐欺にあわないためには重要なことです。興味本位や時間がないからといってリンクを安易にクリックするようなことは避けるべきことです。その前に，インターネットでの取引について，正確な知識を持つことこそが大切です。

ワンクリック詐欺のような，身に覚えのない請求に対しては，無視するのが一番の方法です。しかし，相手は虚偽の情報や脅しなどのさまざまな手を使って騙そうとします。IPアドレスや個体識別番号などの情報は，インターネットに接続するために必要な情報ですが，そこから個人は特定できません。したがって，解約や問い合わせのために連絡をすることは，あなたが実際に存在することを証明し，連絡先を相手に知らせてしまう危険があります。

また，本物の情報と偽物の情報を見分ける力を身につけておくことも必要です。フィッシング詐欺で使われる偽サイトやそこに誘導するメッセージには，精巧に作られていて見分けるのが困難なものもあります。しかし，銀行やカード会社，配達業者はメールやSMSで個人情報やセキュリティに必要な情報を問い合わせることはしません。このような各社のサービスを確認しておけば，本来あり得ない連絡を見抜くことができます。また，メッセージに記載されたリンクは使わず，各社のサイトに直接アクセスしたり公式アプリを使ったりして確認することもとても大切です。また，携帯電話事業者などが提供する迷惑メッセージのブロック機能などのセキュリティ設定を活用すれば，不審なメッセージが届きにくくなり，より被害にあいにくくなります。

ネットを使った詐欺の手口は年々巧妙で組織的になっています。そのような犯罪に自分一人の知識で対応することには限界があります。トラブルに巻き込まれそうになったら，身近な人や警察，消費生活センターに相談しましょう。

1）ワンクリック詐欺の事例について参考URLのWebサイトから調べてみましょう。
2）フィッシング詐欺について技術的な対策方法を考えてみましょう。

■参考URL

＊　https://www.keishicho.metro.tokyo.lg.jp/kurashi/cyber/index.html　警視庁：サイバーセキュリティインフォメーション
＊　https://www.kokusen.go.jp/　国民生活センター
＊　https://www.shouhiseikatu.metro.tokyo.jp/torihiki/taisaku/　東京くらしWEB：架空請求対策（STOP!架空請求!）
＊　https://www.antiphishing.jp/　フィッシング対策協議会

7.4 違法物の販売

インターネットでの違法な販売行為

ネットサーフィンをしていると，こちらが意図しなくとも公序良俗に反するWebページにたどり着いてしまうことがあります。「睡眠薬売ります」とか「裏わいせつ画像売ります」などの掲示がなされているものが，これに当たります。医薬品販売は，医療品医療機器等法（医薬品，医療機器等の品質，有効性及び安全性の確保等に関する法律：旧薬事法）24条によって厳しく定められており，また違法物品の販売も各種の法律で禁止されています。このようなWebページ開設に関わったり，違法物を購入したりすることは，許されることではありません。

また，外国のWebページからの購入であっても，Webページにはその国の法律が適用されますが，輸入した物は国内法による違法行為となる場合もあります。怪しい物品の購入は行わないほうが賢明です。

健康食品や医薬品の違法販売

2005年８月，インターネットでダイエット用健康食品と称した商品を販売していた男性が，薬事法違反（医薬品の無許可販売）の容疑で警察に逮捕されました。服用を続けていた若い女性１名が死亡するなど，健康被害が社会問題になりました。2005年９月にも，携帯電話のインターネットオークションでこの商品を販売していた男性と女性が，同じく薬事法違反（医薬品の無許可販売）の容疑で警察に逮捕されています。

通常，医療用薬物等の流通は，それらの製造・輸入・販売業者から医療関係者へ，医療関係者から患者へ直接手渡しされています。したがって，患者が医者から指示された量だけの薬をきちんと服用していれば，余ってくることは考えられません。また劇薬物は，製造・輸入・販売業者や医療関係者・学術研究機関が，厳重に保管し，使用量をチェックすることにより，法律で認められない売買ルートに流れることは防げるはずです。

なお厚生労働省では，医薬品販売の規制緩和のため，2009年6月に改正薬事法の施行を行うとともに，省令により一般用医薬品のインターネットでの販売を厳しく規制しました。しかし，2013年の最高裁判所の判決によりその省令は無効となり，2013年12月の薬事法改正により2014年６月から新しい販売ルールが適用され，すべての一般用医薬品がインターネットで購入できるようになりました。インターネットで安全に医薬品を購入するには，実店舗と同じように薬剤師との相談が重要です*1。販売する側への規制は必要ですが，購入する側が安心できる販売サイトを見抜く目を持つことも大切です。

見えない顔，ウラの顔

インターネットが普及する前では，違法な物品に興味を持つ人がいたとしても，実名を明かさずに手に入れることは困難でした。しかし，インターネット上では実社会の自分とは別の仮装の「ウラの顔」を持ち，まったく別の人間として振る舞うこともできるようになりました。別人になることで，薬物に限らず銃器や火薬などの違法な物品の売買に安易に関わることが起こっています。

インターネットオークションやフリーマーケットサイトを利用して，偽ブランド品や違法にコピーしたソフトウェアや映画のDVDなどが取り引きされることもあります。チケット不正転売法（2019年６月施行）により禁止となりましたが，スポーツやコンサートのチケットが高額で不正に転売されることもあります。しかし，インターネット上でも実社会と同じく，罪を犯せば，逮捕・起訴されるということを忘れてはなりません。

1）インターネット上で売買してはいけない物品について調べてみましょう。

■参考URL

＊1　https://www.gov-online.go.jp/useful/article/201405/1.html　政府広報オンライン　医療品のネット販売を安心して利用するために

＊　https://www.mhlw.go.jp/stf/seisakunitsuite/bunya/kenkou_iryou/iyakuhin/yakubuturanyou/　厚生労働省：薬物乱用防止に関する情報

7.5 ネット上の出会いと犯罪

インターネットを介した「出会い」の場

男女間の出会いの場を提供する方法は，たとえば，お見合い目的のイベントなどさまざまですが，インターネットを用いた「出会い系サイト」や「マッチングアプリ」も，現代における出会いの機会の一つです。

インターネットを用いての出会いの場は，掲示板，SNSなどさまざまなWebサイトで運営されています。出会い系サイトやマッチングアプリは，異性との出会いを仲介する事業者が運営するものを指します。仲介を無料で行う例もありますが，その多くは会員登録で利用料金を求めています。また，男女いずれかの利用料を無料にすることで，双方の需要をまかなう会員集めも見受けられます。また，出会い系サイトは本人確認がありませんが，真剣な恋愛のための利用が多いマッチングアプリでは本人確認のための身分証の提示が求められます。

会員となった利用者は出会いの情報として，自らの年齢，趣味，職業や収入，写真などのプロフィールを提供し，出会いを求める相手の年齢，容姿，趣味などをあげることでデータベースが構築され，双方の望む条件に近い会員や同じ趣味や価値観を持つ会員同士を紹介する仕組みです。紹介は，単に相手の連絡先を伝える，相手のプロフィールを掲載した個別の情報を提供するなどがありますが，その都度，紹介料が発生することになります。

しかし，参加者管理が十分されていない出会い系サイトでは，利用者の年齢や職業，地域などの区別がなく，まったく知らない不特定の男女が出会いを目的としてアクセスできる状況が問題となっています。

出会い系サイト規制法

管理が不十分な場合は，利用者が犯罪に巻き込まれたり，一部の業者による偽り掲示・詐欺行為・個人情報の悪用などもあることから，出会い系サイトやマッチングアプリの事業者への法的規制や，未成年者の利用を禁止する制限事項が定められています。この法律は，正式名称「インターネット異性紹介事業を利用して児童を誘引する行為の規制等に関する法律（2003年９月施行）」が示すとおり，18歳未満の少年少女を「性行為目的で誘い出す書き込み行為などを禁じ，罰則化した」ことにあります。この法律に基づく罰則は，営業停止のみならず100万円以下の罰金が課せられるなど厳しい処置となります。

しかしながら，その未成年売春などの犯罪があとを絶たないため，2008年12月には，児童誘引は「規制」から「禁止」と明記され，運営者には18歳未満による書き込みの削除義務を課し，公安委員会への風俗営業届け出を必要とすることとなりました。さらに2009年には，年齢確認の厳格化を求めることが追加されました。年齢確認がない場合は違法なサイトやアプリといえますから，危険性の高いものと考えるべきでしょう。

コミュニティサイトが関係する被害

携帯電話やスマートフォンの普及に伴い，未成年者の出会い系に関係する犯罪が増加しました。いつの間にか出会い系サイトに誘導され，ゲームや占いを装って会員登録をさせられて利用料金を請求されたりするケースもあります。さらには，出会い系サイトを特殊な異性関係などを目的とするために立ち上げ，組織的な犯罪グループの資金調達の場となっていることもあります。

そのため，子どもたちを有害情報から守り，子どもたちが安全に安心してインターネットを利用できるようにすることを目的として，「青少年が安全に安心してインターネットを利用できる環境の整備等に関する法律（青少年インターネット環境整備法）」も，2009年４月から施行されました。それでも子どもが被害にあう事例が増えてきたため，2018年２月の改正では，保護者には18歳未満の子どもが使用する場合には契約時に申告すること，携帯電話事業者や販売店には契約時に有害情報やフィルタリングの必要性を説明することとフィルタリングを有効にすることなどを義務付けました。

また，音楽やゲーム，仕事関連などさまざまな分野で同じ趣味や関心事などの情報交換をすることを目的にしたサイトをコミュニティサイトと呼び，SNSはその代表的なものに挙げられます。コミュニティサイトは，友人を作ったり交流を広げたりするために活用されています。自分のメールアドレスを隠して，コミュニティサイトでのみ利用できるメッセージ機能を利用して意見交換できるものもあります。

しかし，コミュニティサイトでは，年齢や性別を詐称してわいせつ目的で近づいてくる場合もあります。インターネットでは，相手の本当の姿は見えないため，直接会うという行為は危険性が高くなります。2010年には，49歳の男が男子高校生と詐称し，女子児童にわいせつな写真を携帯電話で送るよう要求し，さらに，その写真をもとにさらなる写真撮影を強要した事件がありました。

また，知り合った相手から，お互いに性的な写真や動画を交換するように持ち掛けられ，相手に指定されたアプリで送ると個人データを盗まれてしまい，写真や動画を拡散するなどと脅迫されて金銭を要求されるというセクストーション（性的脅迫）による被害も年齢や性別を問わず増えています。このような被害を防ぐため，2023年７月に施行された「性的姿態撮影等処罰法（略称）」によって取り締まることができるようになりましたが，被害者を救済する制度は十分整っているとはいえないのが現状です。

警察庁によると，SNSに起因する18歳未満の子どもの被害者数は，2023年までの10年間で1500人から2000人程度で推移しており，大半がスマートフォンからSNSを利用していました。また，小学生の被害者数は10年間で３倍以上に増加しており，その背景としてスマートフォンの所有率の増加や所有年齢の低年齢化が指摘されています。また，被害にあった子どもたちの多くはフィルタリングを利用していなかったことも明らかとなりました。子どもたちの身を守るためには，まず，フィルタリングを利用すること，子どもと保護者および学校関係者が情報交換をして実情を理解することが大切です。

出会い系サイトと不正請求

出会い系サイトの利用料に対するトラブルや犯罪も起こっています。裁判所から出会い系サイトに対する小額訴訟手続きの書類が送られてくる事例はそのひとつです。事業者からの訴訟の内容には大きく次の2つがあります。

一つは実際の会員として利用した出会い系サイトからのもので，会員登録の時点では無料かわずかな利用料であったのにもかかわらず，さまざまな手口を使い，利用料を加算したものがあります。もう一つは，まったく身に覚えがないのに送られてくる架空請求です（図７-２）。

未納料金お支払いのお願い
(REQUEST FOR PAYMENT)

請求内容

現在、貴殿が以前携帯電話でご利用になられた、有料番組サイト等の料金が未だ未納となっており、日々延滞金が発生している状態です。

本日、当社「[redacted]」が貴方様がご利用になられた運営業者様から債権回収の依頼を正式に受理しましたので、今後当社がご請求をさせていただきます。

重　要

弊社で確認しました所、お客様の場合、未だご利用になられたサイトのログアウト〔退会手続き〕がお済みになっておりません。又、未納金や延滞金のお支払いのご説明もございますので、本書到着後、右記まで大至急お問い合わせ下さい。

ご注意

万が一、お支払いやご連絡がなき場合は裁判手続き、又、金融機関の全停止処分、信用情報機関へのブラックリストとしての登録、さらに「給料差し押さえ」の内容証明をご勤務先に送付させていただきますので早急にお支払い、ご連絡をよろしくお願いします。

発送NO	XT-3564910
ご請求コード	8 115454 804621
お客様コード	4 412651 360894
ご請求金額	36､621　円
当社管理コード	0 083167 355784

お問い合わせ番号 03-5697-
担当者直通番号
080-3398-
080-3398-
営業時間/AM9：00～PM4：00　定休日/土・日曜日、祝・祭日
(株)
株式会社
東京都葛飾区　中

【ご注意】
弊社は最近多発している悪質な架空請求の業者ではありません。
貴殿が実際にご利用なった有料番組サイトの正規の回収委託事務所です。
中には心当たりが無くても一度でもサイトにアクセスすると、登録がなくても自動的に料金が加算されるシステムが多発していますので、今後ともご注意ください。

図7-2　身に覚えのない架空請求の例

まず，その請求が正式なものであるかの確認が必要です。送られてきた封書の裁判所の連絡先そのものが偽りの場合もあり，公式な裁判所の連絡先を入手したうえで確認する必要があります。もし，正式な裁判所からの通知であれば，放置しておくと訴訟を認めたものとして裁判所からの差し押さえや支払い命令が下される場合があります。小額訴訟請求については，出会い系サイトに限らず有料サイトを利用している場合は注意を払う必要があります。

また，電子消費者契約法では，サイト運営の事業者は申込者に対して申し込み内容を再度確認させる画面を提示することを求めています。再確認がなされていないならば，その申し込みが無効であることを主張できます。

1）出会い系サイト規制法のガイドラインの詳細，制限や規制内容について確認してみましょう。
2）コミュニティサイトで発生する犯罪に関して，被害にあわないためにどのような対策をすればよいかを考えてみましょう。

■参考URL

＊　https://www.npa.go.jp/bureau/cyber/　警察庁：サイバー警察局
＊　https://www.kokusen.go.jp/　国民生活センター
＊　https://www.paps.jp/　特定非営利活動法人ぱっぷす

情報流通プラットフォーム対処法

インターネットにおける誹謗中傷などの被害は，痛ましい事件に発展することもあり，社会問題となっています。電子掲示板やSNSなどで名誉棄損やプライバシー侵害，著作権侵害などの他人の権利を侵害する書き込みがなされた場合に，被害者からプロバイダなどの提供者に対して削除依頼に適切な措置をとること，正当な理由がある場合に被害者は提供者に書き込みを行った者の情報開示を求めることができることなどを定めた法律として，プロバイダ責任制限法（略称）が定められました（2002年５月施行，2021年４月改正）。しかし，一定の効果はあったものの，大規模なSNSや匿名掲示板などにおける誹謗中傷などの被害は後を絶ちませんでした。

そこで，2024年の法改正により，SNSや匿名掲示板を運営する大規模プラットフォーム事業者に対して，削除申請の窓口・対応体制の整備，削除やアカウント停止の基準の公表などを義務づける，情報流通プラットフォーム対処法（正式名称：特定電気通信による情報の流通によって発生する権利侵害等への対処に関する法律）に改名されました。

ウイルス罪

ウイルス罪は，正式には「不正指令電磁的記録に関する罪（刑法19条の２）」といわれます。法律では，コンピュータウイルスのことを「不正指令電磁的記録」というのです。2011年の刑法改正で追加されました。

刑法に追加されたのは，ウイルスを「作成，提供または実行に供する」者に３年以下の懲役又は50万円以下の罰金を課すこと「不正指令電磁的記録作成等（168条の２）」（未遂も処罰）と，ウイルスを「取得，保管」した者に２年以下の懲役又は30万円以下の罰金を課すこと「不正指令電磁的記録取得等（168条の３）」です。

ただしこれらは，あくまで「人の電子計算機における実行の用に供する目的」であることが要件で（目的犯），たとえば，研究開発のためであれば当然無罪です。

ウイルス罪が制定されるまでは，器物損壊罪（刑法261条）といった別件で検挙していましたが（2010年タコイカウイルス事件），改正によりウイルスに対して適切な規制ができるようになりました。

第8章 インターネットとセキュリティ

私たちがインターネットを利用する場合，トラブルに巻き込まれないようにするための大切なことの一つにパスワードの管理があります。

また，インターネット上でコンピュータを利用していくためには，コンピュータウイルスの被害にあって，コンピュータのデータを消されてしまわないようにすることも大切です。

この章では，パスワードなどによる認証の大切さ，コンピュータウイルスやスパイウェアに対する注意など，基本的な情報セキュリティについて説明します。さらに，より高度な情報セキュリティ対策として，暗号技術や電子署名などの概念，さらには，インターネットビジネスで利用される電子認証について考えていきます。

8.1 情報セキュリティと認証

情報セキュリティの対策

インターネットを通じてさまざまな情報をやりとりする場面が増えた世の中で，不正アクセスやなりすましなどの脅威から身を守り，個人や家庭，組織が保有する情報を容易に外部に流出させないように，考えられる脅威を想定して適切な情報セキュリティの対策を行う必要があります。

コンピュータに対する直接的な脅威の一つとして，マルウェアがあります。マルウェアには，コンピュータウイルスやスパイウェア，ランサムウェアといったものが含まれます。これらはおもに，次のような特徴があります。

・ネットワークのセキュリティホールなどから侵入し，自分自身で増殖を繰り返して活動する

・コンピュータに必要なファイルに見せかけてセキュリティホールを作り出し侵入を手助けする

中には，システムを機能不全にさせたり，システム内部に記録されたデータや情報を盗み出したりするものもあります。特に遠隔操作を受けて特定サイトを攻撃したり，情報を盗み出したりするコンピュータウイルスをBot（ボット）と呼んでいます。

これらの脅威に対して行う情報セキュリティ対策として，セキュリティ対策ソフトウェアを導入したり，不正アクセスなどによってデータや情報を盗み出された場合に備えて，悪用されるのを防ぐ技術としてファイルを暗号化したり，外部からネットワークに対して不正な侵入を未然に防ぎ，内部からの情報流出を防止するファイアウォールを設置したりする対策も一般的になってきています。この他，情報社会の中で安全や安心を得るための暗号化された電子署名を付与するなど，新しい技術を取り入れて対策をとる必要があります。

また，私たち個人もコンピュータやネットワークを利用するために与えられたユーザID（identification：身分証明，身分確認の意味）とパスワード

(password：合い言葉）の管理を厳重に行う必要があります。

ユーザIDとパスワード

コンピュータやネットワークを利用するとき，本人確認のために，ユーザIDとパスワードの入力が求められます。この本人確認を認証といいます。

コンピュータやサーバに格納されているパスワードは，他者から確認できないように暗号化されています。パスワードは利用者が本人かどうかを証明するためのもので，管理を厳重に行う必要があります。

不正アクセスを試みる者は，文字の組み合わせを端から試したり，ユーザIDや個人に関連した単語，辞書などの単語を利用して，パスワード破りを試みます。しかし，パスワードの長さや構成する文字の種類を増やせば，パスワードの組み合わせは複雑になり，容易に破れなくなります。また，人名や地名のような一般的な単語やパスワードに利用されやすい単語を中心にして作られた辞書を利用して攻撃する場合があるので，辞書に載っているような単語を安易に利用しないといった注意も必要です。

したがって，パスワードを設定・管理する場合には，次のようなことに注意する必要があります*1。

①ユーザIDなど，よく使われる単語，辞書などにある語を使用しない
②最低８文字以上で英数字および記号（たとえば#や%等）を含むようにする
③アカウントごとに異なるパスワードを使用する
④過去に使ったパスワードを使用しない
⑤紙に書いておいたり，ファイル上にパスワードを書いておいたりしない
⑥電子メールやSNSでパスワードを送らない
⑦パスワード入力を見られないようにする

1）破られにくいパスワードの例を考えてみましょう。

■参考URL

＊1　https://www.jpcert.or.jp/magazine/atmarkit/　JPCERT　コーディネーションセンター：初心者のためのセキュリティ講座

8.2 安全な認証システム

2段階認証（多要素認証）

通常，なんらかのサービスなどを利用しようとすると，ユーザIDとパスワードで本人確認(認証)を受ける必要があります。しかし，パスワードだけでは，パスワードが解析されたり漏えいした場合にそのまま不正利用されてしまいます。

そこで，パスワードが合致しても，もう1種類，別の認証を受けないと利用できない認証方式を2段階認証といいます。電話をかけたり受けたりするもの，SMS（ショートメッセージサービス）や電子メールにより認証コードが送られてくるもの，スマートフォンのアプリに通知が届くものなどがあります。パスワード以外の複数の認証方法を使うため，多要素認証とも呼ばれます。これにより，パスワードの漏えい等での不正利用を防ぐことが期待されます。

しかし，パスワード漏えい等で不正アクセスをする際，ターゲットとなる人が動画配信者の場合，配信中の通知画面に認証コードが表示されてしまうことがあります。他の人に画面を共有する場合は，通知が表示されないようにする方がよいでしょう。

SSO（Single Sign-On）

電子メール，オンラインストレージ，会社などでのグループウェア，大学などでの学生サービスなど，多くのサービスを利用する場面がありますが，それぞれのサービスを利用するために，一つずつ認証を受ける必要があります。これでは手間がかかります。そこで，認証を1度受ければ，他のサービスをそのまま利用できるようになるものをSSOといいます。SSOの認証を担っているのが，SSOサーバですが，ここで各サービスのアクセス権を決めておくことで，アクセスできるサービスや，サービス内での利用範囲を制限できます。

SSOと2段階認証を組み合わせて，より強固な認証を提供することができます。

生体認証

パスワードの代わりに，本人認証する方法として注目されている生体認証とは，バイオメトリクス（biometrics）認証とも呼ばれ，人間の身体的特徴などの生体情報を用いて行う個人認証の技術です。パスワードと比べて忘れたり，盗用されたりする恐れが少なく，本人以外の者が容易になりすますことができない認証方法です。

表8-1に示すように，さまざまな生体認証の技術が開発されていますが，生体認証への利用に適した生体情報の条件は，指紋や静脈などすべての人が持つ特徴であり，遺伝などの要因で同じ特徴を持つ人がほとんどいないこと，時間によって特徴が変化しにくいことなどがあげられます。

以上の代表的な生体認証技術においても，さまざまな問題点があります。たとえば，顔認証方式では，一卵性双生児やメガネ，髪型，顔の表情，加齢による変化などによって認識率が低下する問題があります。また，「登録されていないデータ」を「登録しているデータ」と誤認してしまう恐れや，逆に「登録しているデータ」なのに「登録されていないデータ」と判断してしまう場合があり，判別技術の向上が期待されています。

表8-1　生体認証の例

指紋	指の指紋のパターンを元に認証する方式
顔	顔の輪郭や目や鼻などの大きさや位置を元に認証する方式
虹彩	目の虹彩パターンの濃淡値を元に認証する方法
網膜	目の網膜の毛細血管のパターンを元に認識する方法
静脈	近赤外線を指や手のひらなどに透過させて得られた静脈パターンを元に認証する方法

1）生体認証における技術についての利点と問題点を調べてみましょう。

■参考URL

＊　https://www.ipa.go.jp/security/keihatsu/shiori/management/01_guidebook.pdf　IPAセキュリティセンター：「企業（組織）における最低限の情報セキュリティ対策のしおり」

8.3 マルウェア

コンピュータウイルスとは

コンピュータウイルスとは，システムやプログラムになんらかの被害を及ぼす目的で作られた悪意のあるプログラムであるマルウェアのうち，コンピュータ内部で増殖を繰り返すソフトウェアのことです。あたかも人体を蝕むウイルスのような振る舞いをし，ネットワークから侵入してコンピュータを脅かすことになります。

コンピュータウイルスの定義*1では，「第三者のプログラムやデータベースに対して意図的に何らかの被害を及ぼすように作られたプログラムであり，次の機能の一つ以上有するもの」となっています。

①自己伝搬機能

自らの機能によって他のプログラムに自らをコピーし又はシステム機能を利用して自らを他のシステムにコピーすることにより，他のシステムに伝染する機能

②潜伏機能

発病するための特定時刻，一定時間，処理回数等の条件を記憶させて，発病するまで症状を出さない機能

③発病機能

プログラム，データ等のファイルの破壊を行ったり，設計者の意図しない動作をする等の機能

そして，近年ではこれらの機能を自動的に発症させ，感染したコンピュータを足がかりに広範囲に感染を拡大させてしまうワームと呼ばれるマルウェアも多く見つかっています。

コンピュータに入り込んだコンピュータウイルスは，潜伏して発病すると，コンピュータが立ち上がらない，画面に異常が発生するなど予期しない動作が起こったり，データの改変・消滅などといった症状がでてきます。

さらに感染したコンピュータやデータを利用できなくして身代金を支払うように要求するランサムウェアによる被害も広がっています。

スパイウェアとは

利用者が気づかないうちにコンピュータから情報を送信するプログラムをスパイウェア（Spyware）と呼んでいます。スパイウェアは，コンピュータウイルスのようにコンピュータに対して機能不全に陥れるような振る舞いはしませんが，利用者が知らないうちに勝手にコンピュータにインストールされてスパイ活動を行うプログラムです。スパイ活動とは「コンピュータ内に存在する情報やコンピュータに対する操作の情報を，許可なしに第三者に送信する」ということです。

スパイウェアはメールの添付ファイルや閲覧しているWebページなどから侵入します。最近では，利用者に有益なソフトウェアであると思わせ，自らインストールさせるスパイウェアも多くなってきました。ブラウザなどの機能を追加するために組み込むアドオンなどでもスパイウェアのような振る舞いをするものがあります。

コンピュータウイルスに感染したりスパイウェアが侵入したりするとコンピュータの動作として表8-2に示したような症状が現れます。

ユーザがネットショッピングで入力したクレジット番号や個人情報を外部に送ったり，インターネットに接続中にコンピュータ内のファイルを特定のアドレスに送信したりします。例として，ユーザに気づかれないようにキーボードの操作を記録し，それを入手して犯罪に利用するスパイウェアもあります。こ

表8-2　コンピュータウイルスやスパイウェアの症状例

コンピュータウイルス	・コンピュータの動作が遅くなったり，停止したりする ・見覚えのないファイルがコンピュータに出現する ・見覚えのないエラーメッセージが表示される ・何も実行していないときに，ハードディスクのアクセスランプが点滅する
スパイウェア	・コンピュータの動作が遅くなったり，操作していない動作をする ・不要なポップアップ広告などが表示される ・デスクトップやブラウザのツールバーに心当たりのないアイコンやボタンが表示される ・コンピュータやブラウザの設定が勝手に変更される

のスパイウェアによって第三者に送られる情報には，個人情報（メールアドレス，本名，住所，電話番号，クレジットカード番号など），コンピュータの使用履歴（何を入力したか，どんな操作をしたかなど），ブラウザでの閲覧履歴や入力履歴（どのサイトを閲覧したか，どんな情報を検索したか，入力したIDやパスワードなど）があります。

コンピュータウイルスやスパイウェアの被害を防ぐには

コンピュータウイルスの被害を防ぐには，必ず，最新のウイルス対策ソフト（ワクチンソフト）をインストールして，ウイルスチェックを定期的に心がけるなどの予防策が必要です。また，ウイルス対策ソフトのウイルス定義ファイルも最新のものを維持することも大切です。さらに，出所不明のプログラムやDVDやUSBメモリなどは使わないようにすることや，差出人が不明な電子メールや不審な添付ファイルは安易に開かず必ずウイルスチェックをかけるように心がけることも重要です。

万一に備えて，定期的にデータなどのバックアップを取っておくことも大切です。また，コンピュータウイルスやセキュリティに対する関連のWebサイトで情報を収集したりすることが重要です。ウイルスの警告を偽ったデマメールもあり，情報の信ぴょう性の確認やチェーンメールとして転送しない注意も必要になります。コンピュータウイルスの被害は，自分だけでなく，電子メールを送る相手やネットワークに接続されているすべてのユーザに迷惑をかけることにもなりかねません。

スパイウェアの侵入を防ぎ，大事な情報やデータなどの流出を防ぐためには，コンピュータウイルスの対策と同様，セキュリティ対策ソフトをインストールし，スパイウェアがコンピュータに侵入していないかチェックすることが重要です。また，コンピュータが勝手にネットワークに接続したり，勝手な設定の変更を行っていないか注意して，身を守ろうとする意識をもつ必要があります。さらに，一見，有益なソフトウェアをインストールする際に表示される利用許諾の説明に，「データをソフトウェア提供元のサーバに送信することを許諾する」という文言がある場合があるため，利用許諾書などは隅々まで慎重に目を通す必要があります。その他，表8-3のような対策が考えられます。

表8-3　コンピュータウイルスやスパイウェアの対策例

コンピュータウイルス	・OSやソフトウェアを更新して，セキュリティホールを閉じる ・ウイルス対策ソフトをインストールし，ウイルスを発見するための定義ファイルを最新のものを維持する ・定期的にウイルスチェックをする ・出所不明のソフトウェアは使わない ・インターネットからダウンロードしたソフトウェアはインストールする前にウイルスチェックを行う ・不明な電子メールや添付メールを安易に開かない ・電子メールで添付されてきたファイルは開く前にウイルスチェックを行う ・関連Webサイトでウイルス情報を収集する
スパイウェア	・ブラウザのクッキー（cookie）などの設定を変更し，不用意に個人情報などをコンピュータに残さないように注意する ・出所が不明なソフトウェアや不要なソフトウェアは安易にインストールしない ・ソフトウェアをインストールする場合は，利用許諾などをよく読む

1）参考URLのWebサイトで最新のコンピュータウイルスについて調べましょう。
2）コンピュータウイルス罪について調べましょう。

■参考URL

＊1　https://www.meti.go.jp/policy/netsecurity/CvirusCMG.htm　経済産業省コンピュータウィルス対策基準

＊　https://www.soumu.go.jp/main_sosiki/cybersecurity/kokumin/index.html　総務省国民のための情報セキュリティサイト

8.4 Webブラウザと電子メールのセキュリティ

通信の盗聴

インターネットはさまざまなネットワークがつながることによって成り立っています。あらゆる通信は多くのネットワーク・コンピュータを経由する必要があり，その途中で通信を盗聴される可能性が生じます。通信を盗聴されると，電子メールの内容を盗み見られるプライバシーの侵害や，オンラインショッピングの際に入力したクレジットカード番号を盗聴され，悪用されることも想定されます。

通信の盗聴を防ぐためには，通信内容の暗号化（8.5節参照）が必要になります。暗号化された情報は盗聴されても元の情報を解読しにくいため，Webページ上で個人情報を入力し送信する際には暗号化されているかを確認することが重要です。

Webページでの情報の暗号化にはSSL（Secure Socket Layer）/TLS（Transport Layer Security）という技術がよく利用されています。SSL/TLSでは，WebブラウザとそのWebページが保存されているWebサーバ間の通信を暗号化します。SSL/TLSが導入されているWebページはURLが「https://～」から始まり，そのWebページをWebブラウザで開くとアドレス部分に図8-1のようなロックされた鍵のマークが表示されます。

https://（Microsoft Edge）

図8-1　Webブラウザの暗号化通信中のマークの例

また，すべてのSSLにセキュリティ上の脆弱性が存在しますので，Webブラウザの設定では，図8-2のようにすべてのSSLを利用せずに，TLS（Transport Layer Security）1.2以上のみが利用されています。

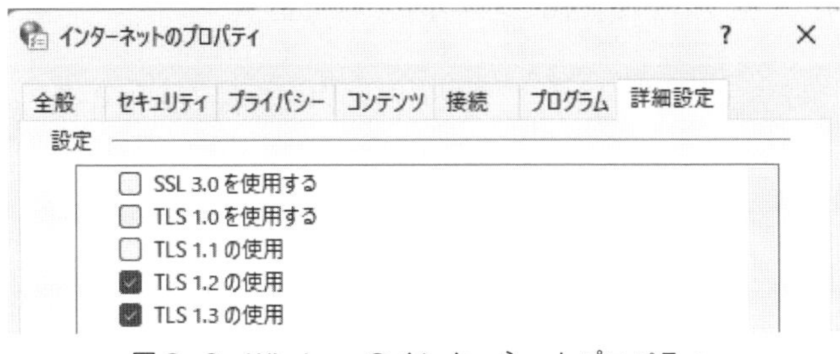

図8-2　Windowsのインターネットプロパティ

無線LANの盗聴

スマートフォンやタブレット端末，ノートPCなどで利用できる無線LANは電波を利用しているため，その電波を傍受し解析すれば，通信内容が丸見えになります。しかし，端末と無線LANルータとの間で暗号化通信を行うことにより，傍受されて解析される危険性が大幅に減少させることができます。同時に，第三者が無線LANルータに勝手に接続することを防ぐこともできます。

電子メールのセキュリティ

また，電子メールの暗号化技術にはS/MIME（Secure MIME）とPGP（Pretty Good Privacy）との２種類があります。MIMEはさまざまな言語を扱え，さらに添付ファイルをメールで送受信するために変換する方法などを規定しています。このMIMEを暗号化して送受信するように拡張したものがS/MIMEです。PGPもS/MIMEも基本技術は同じですが，相手の認証方法が異なります。PGPやS/MIME対応のメールソフトを利用することでメールの内容を暗号化して通信することができ，さらに本人確認である電子署名（8.7節参照）を付けることもできます。

不正なWebサイトへの誘導

フィッシング詐欺に代表されるように，正規のWebサイトを装って訪問者を不正なWebサイトに誘導することがあります。その不正なWebページで個人情報を入力したことにより情報が漏えいしたり，アクセスするだけで訪問者のコンピュータがコンピュータウイルスに感染することもあります。

Webページや，メールの中身をWebページのように自由にデザインできる

首相官邸ホームページ
https://www.kantei.go.jp

https://www.soumu.go.jp

図8-3　表示されているURLとリンク先のURLが違う例

HTMLメール（リッチテキストメール）では，記載されているURLと，実際にクリックしてアクセスするURLを別物にすることができます。図8-3では，首相官邸のホームページへのURLが表示されていますが，Webブラウザのステータスバーには総務省のURLが表示されていることがわかります。

リンクをクリックする際には，そのリンク先が正規のWebサイトへのリンクかどうか確認することが重要ですが，JavaScriptなどの技術を使って巧妙にリンクを詐称することも可能なので見分けることが困難なこともあります。

また，暗号化通信を正しい相手と行っていることを第三者機関が証明するセキュリティ証明書を，発行者自身が証明している自己署名証明書（通称，オレオレ証明書）があります。この場合，Webブラウザに登録してある信頼できる認証機関の発行した証明書でないため，図8-4のようにセキュリティの警告が表示されます。この状態で通信を続行しても，暗号化通信は行われていますが，その通信相手が信頼できるものかどうかは判断することができません。

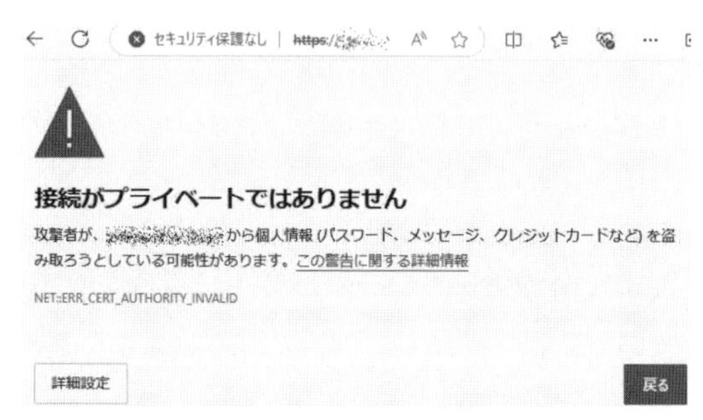

図8-4　セキュリティの警告の例

個人情報を入力するよう要求されるWebページ・電子メールに遭遇したときには，以下のような対応を心がけましょう。

①見かけ上の差出人やWeb作成者を確認なしに信用しない
②表示されているURLとリンク先のURLが一致しているか，正規のサイトであるかを確認する
③リンクを利用せずに正規サイトのホームページを直接参照して，そのサイトに関わるフィッシング詐欺が発生していないか確認する
④暗号化通信が行われており，また電子証明書が信頼できる第三者機関によって承認されているか確認する

Webサイトの改ざん

2008年5月には，アメリカのWebサイトの40万～50万サイトが改ざんされる事件が起こっています。改ざんされたWebページにアクセスすると，コンピュータウイルスをダウンロードさせるための動画配信サイトに接続されるというものでした。2003年3月には，ウイルス対策ソフトの制作会社であるトレンドマイクロ社のWebサイトが改ざんされ，コンピュータウイルスが埋め込まれたという事件も起こっています。

いくら注意をしていたとしても，常に悪意のある不正なWebサイトにアクセスしてしまう可能性を念頭におく必要があります。「あなたのコンピュータにはセキュリティ上の欠陥があります」と善意を装った偽の警告メッセージを表示し，スパイウェアが仕込まれている偽のウイルス対策ソフトをインストールするよう働きかけてくることもあります。安易にインストールするのではなく，そのソフトウェアで被害が出ていないかを調べてみることも重要です。

1）電子メールを暗号化するための技術について調べましょう。
2）Webページに入力した情報を暗号化するためのブラウザのセキュリティについて調べてみましょう。

■参考URL

＊　https://www.jpcert.or.jp/　JPCERT コーディネーションセンター
＊　https://www.keishicho.metro.tokyo.lg.jp/kurashi/cyber/　サイバーセキュリティインフォメーション
＊　https://www.ipa.go.jp/security/　情報処理推進機構（IPA）：情報セキュリティ

8.5 暗号化技術

通信を支える重要な技術

インターネットでは常に盗聴やなりすましの危険性があるため，住所や電話番号といった他人に知れ渡ることが好ましくないデータは，関係者以外に読まれないようにすべきです。このように秘密にしておきたいデータを，他人には意味がわからないような形にしたものを暗号といいます。暗号によって通信を行うことが暗号化通信です。

送信する元のデータを平文と呼び，データを暗号に変換することを暗号化，元のデータに戻すことを復号といいます。また暗号化の方法のことを暗号化アルゴリズムと呼びます。暗号化アルゴリズムには「鍵」と呼ばれるデータを使用し，この鍵によって，通信の送信者が暗号化し，受信者のみが復号して通信できるようになります（図8-5）。

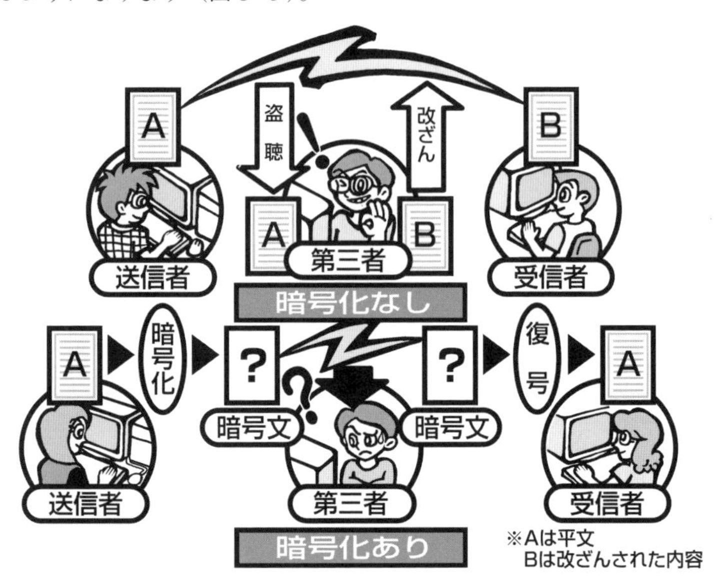

図8-5　盗聴等の可能性と暗号文による通信

暗号化の例

ここで，もっとも古い暗号と呼ばれているものについて紹介します。この暗号は古代ローマ皇帝のシーザーが初めて利用したといわれているため，シーザー暗号という名前がついています。

アルファベットのみを利用した暗号を考えると，シーザー暗号は，暗号化の鍵としてある数を準備し，その数だけアルファベットの順番をずらします。たとえば，鍵が3であれば，アルファベットの「A」は「D」となり，アルファベットの「G」は「J」となります。ただし，ずらす際に「Z」までくると「A」に戻ります。平文が「SYSTEM」であれば，鍵3のシーザー暗号で暗号化されたデータは「VBVWHP」になります。復号したい場合には，逆に3ずらせば元のデータに戻すことができます（表8-4）。

表8-4　シーザー暗号の例

平文	S	Y	S	T	E	M
暗号文	V	B	V	W	H	P

ただし，この暗号方式は鍵として25通りしかありません。これは，アルファベットは26文字なので，1～25文字しかずらすことができないからです。これだけの数だと，少し時間をかければすぐに解読されてしまいます。このシーザー暗号は，暗号化の仕組みを知るために利用されますが，実用性はありません。

一般的に，鍵の種類が多ければ多いほど，解読するのが困難になります。鍵の種類がどれだけあるかを示すために，鍵長（key length）または，暗号強度（cipher strength）として，鍵の長さを表現しています。

共通鍵暗号方式

暗号化の方式の一つである共通鍵暗号方式では，一つの鍵で暗号化と復号を行えるので，A，Bの二者の通信の場合，AからB，BからAのどちらの通信も一つの鍵だけで済みます。このように，暗号化と復号で共通して使える鍵を，「共通鍵」といいます。

共通鍵暗号方式の代表例として，DES（Data Encryption Standard）があります。これは1970年代に米国政府とIBMとが共同開発した方式で，現在は暗号化アルゴリズムも公開されており自由に利用できます。ただ，現在はパソコンでも短時間で解読される可能性がありますので，改良型として，３重にDESを行う3DES（Triple DES）や無線LANの暗号化にも利用されるAES（Advanced Encryption Standard），Blowfishという方式があります。先に述べた，シーザー暗号も暗号化と復号に同じ鍵を利用しているため，共通鍵暗号方式といえます。

共通鍵暗号方式は，暗号化と復号に使える鍵が同じであるため，同じ共通鍵を持っていれば暗号が解読できます。そのため，共通鍵を通信相手に安全に渡す手段を考える必要があります。また，通信相手ごとに違う共通鍵を準備することになると，鍵の管理も大変になります。

公開鍵暗号方式

もう一つの暗号化の方法である公開鍵暗号方式では，「公開鍵」と「秘密鍵」という対になる二つの鍵を用意します。公開鍵はインターネット上に公開でき，この公開鍵を用いて暗号化された暗号文は，対になる秘密鍵でのみ復号できます（図８-６）。逆に秘密鍵で暗号化された暗号文は対になる公開鍵でのみ復号できます。公開鍵暗号方式を利用することで本人確認をするための電子署名を作りだすこともできます。

公開鍵暗号方式は，「秘密鍵の管理だけ行えばよい」という利点がある反面，共通鍵暗号方式と比べ鍵の長さが長く暗号化と復号の処理に時間がかかるとい

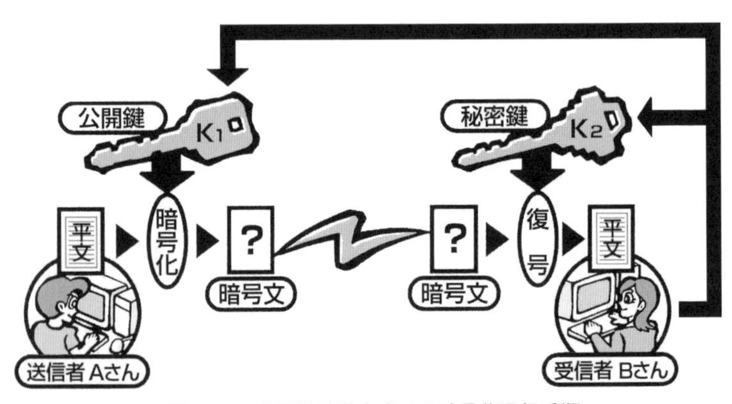

図８-６　公開鍵暗号方式での暗号化通信手順

う欠点があります。また，公開鍵が本当に送信相手のものであるか確認する必要もあるでしょう。

公開鍵暗号方式の代表例としては，RSA（Rivest, Shamir, Adleman 3 人の考案者の頭文字）ECDSA（Elliptic Curve Digital Signature Algorithm：楕円曲線DSA）などがあります。

ハイブリッド暗号方式

共通鍵暗号方式では，同じ共通鍵を持つ人は暗号を解読することができるために，鍵を安全に配布する仕組みを考える必要がありました。また，公開鍵暗号方式では，鍵の配布は容易ですが，共通鍵暗号方式に比べ暗号化と復号の処理に時間がかかります。そこで，お互いの短所を補うために，この二つの暗号方式を組み合わせたものをハイブリッド暗号方式と呼びます。

ハイブリッド暗号方式では，平文を共通鍵で暗号化しますが，その共通鍵を公開鍵暗号方式で暗号化し，一緒に送信します。一度，公開鍵暗号方式で共通鍵を相手に届けることができれば，その後は届けた共通鍵で通信ができるため，暗号化と復号の処理速度は上がります。Webブラウザでよく利用されているSSL/TLSやメールの暗号化で利用されるPGPやS/MIMEは，ハイブリッド暗号方式を利用しています。

データの暗号化

大切なデータを保存しているUSBメモリを万が一紛失した際に他の人が読み取れないように暗号化しておくことも大切なことです。USBメモリ自体にそのような機能が付加されているものがあるので，そのようなUSBメモリを利用することもよいでしょう。また，持ち歩くコンピュータのデータすべてや必要なフォルダ（ディレクトリ）のみを暗号化しておくことで万が一に備えることができます。

1）公開鍵の持ち主確認を怠るとどういうことが起きるか考えてみましょう。

■参考URL

＊　https://www.ipa.go.jp/security/　情報処理推進機構（IPA）セキュリティセンター

8.6 マルチメディア情報のセキュリティ

不正コピー防止とアクセスコントロール

マルチメディア情報は，いくらコピーしても品質が劣化しないという性質があり，コンピュータで手軽に扱うことができます。しかし，コピーしても品質が劣化しないという性質から，不正コピーされる危険性をはらんでいます。

マルチメディア情報の不正コピー防止のために，さまざまな対策が講じられています。音楽CDでは，2002年よりコピーコントロールCD（CCCD）と呼ばれる技術を盛り込み，不正コピー防止に努めていました。映像機器間の不正複製防止には，CGMS（Copy Generation Management System）という技術が用いられています。また，2004年より地上デジタル放送，BSデジタル放送には「コピーワンス」と呼ばれる技術が導入されており，CPRM（Content Protection for Recordable Media）対応の各種DVDにのみコンテンツを1回限り移動することが許されています（コピーはできません）。2008年7月からは，地上波デジタル放送とBSデジタル放送では一部「ダビング10」という技術が導入され，「ダビング10」で放送された番組を録画したものは，DVDなどにコピーと移動を合わせて10回（コピー9回と移動1回）行うことができます。

不正コピー防止以外にも，アクセスコントロールという技術があります。アクセスコントロールとは，マルチメディア情報のコピーを防止することが目的ではなく，コンテンツを暗号化し，正式な利用者のみが解読して利用することができる仕組みです。有料放送のスクランブル信号がそれにあたります。例をあげると，デジタル放送の視聴には，B-CASカード（BS-Conditional Access Systemsカード）が必要となっており，デジタルテレビを購入の際には同梱されています。DVDビデオには，CSS（Content Scrambling System），Blu-rayビデオにはAACS（Advanced Access Content System）というアクセスコントロール技術が利用されており，DVDビデオに収録された映像に暗号をかけ，再生できる機器を制限しています。

「電子透かし」という技術

お札の偽造防止のために透かしが入っているように，マルチメディア情報に直接著作権情報などを付加するという技術があります（図8-7）。これを電子透かし（Digital Watermark）といいます。電子透かしが埋め込まれたマルチメディア情報は見た目はほとんど変わりませんが，検出ソフトを利用することで埋め込まれた情報を取り出すことができます。その情報を取り出すことによって，コンテンツが不正なコピーや不正な改変がされていないかを確認します。

電子署名も電子透かしの一例といえますが，電子透かしはまだ研究段階であり広く利用されているわけではありません。著作権保護のために技術開発が早く進むことが期待されています。

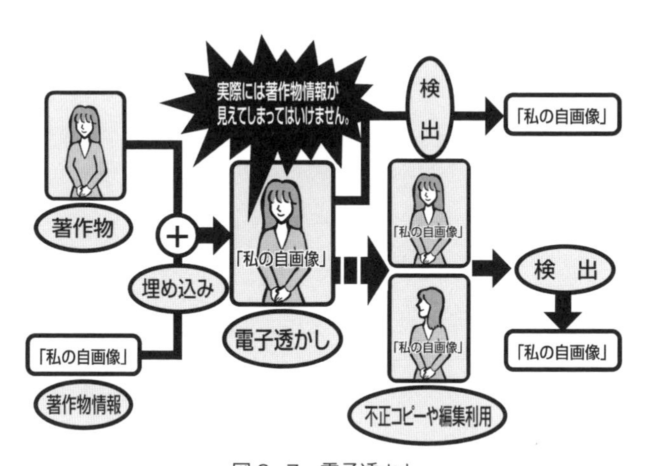

図8-7　電子透かし

1）音楽配信サイトで配信されている音楽について，セキュリティの方法や現状を調べてみましょう。

■参考URL

＊　https://www.soumu.go.jp/main_sosiki/joho_tsusin/policyreports/joho_tsusin/　情報通信審議会

8.7 電子認証と電子公証

電子署名で身元確認

インターネットではなりすましやデータ改ざんの可能性が生じるため，データ送信者の身元を確認する必要が生じます。この身元を確認する技術は電子署名（digital signature）といい，公開鍵暗号方式を応用した認証技術です。

送信した文書が送信途中で改ざんされていないことを証明するには，文書を要約したもの（メッセージダイジェスト）を文書とあわせて送信します。受信側は，受け取った文書からメッセージダイジェストを作成し，受け取ったメッセージダイジェストと比較して同じものであれば，送信途中で文書が改ざんされていないことがわかります。

しかし，メッセージダイジェストが改ざんされてしまえば，受け取った文書が改ざんされているかどうかを確認することができなくなります。そこで，メッセージダイジェストをそのまま送信するのではなく，メッセージダイジェストを暗号化したものを文書に追加して送信します。この「メッセージダイジェストを暗号化したもの」が電子署名です。

メッセージダイジェストを作成するには，あるデータを入力するとハッシュ値と呼ばれる出力を返す，ハッシュ関数というものを利用します。ハッシュ関数には，得られたハッシュ値から元のデータを解析することが困難であり，違うデータから同じハッシュ値のデータを生じることがほぼあり得ないという特徴があります。このハッシュ値をメッセージダイジェストとして利用することで，改ざんされていない文書であることを確認できます。

図8-8では，電子署名の手順として（a）に暗号化，（b）に復号を示しています。公開鍵暗号方式と公開鍵と秘密鍵の使い方が逆になっており，秘密鍵で暗号化を行い公開鍵で復号します。これにより送信者が公開鍵の所有者であることが確認でき，身元を明らかにすることができます。

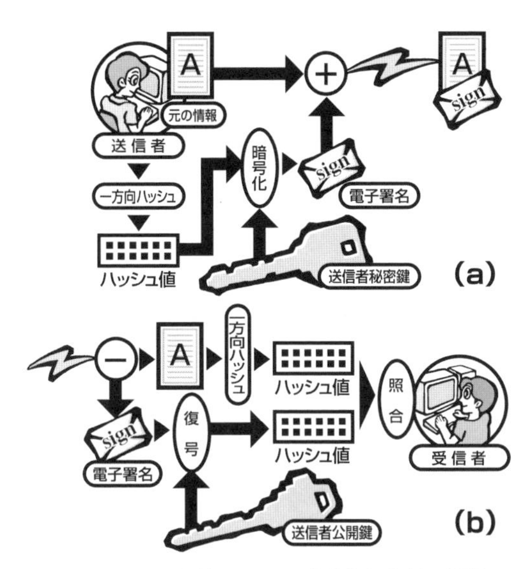

図8-8　電子署名における暗号化と復号の過程

電子署名での信頼性の向上

公開鍵暗号方式での暗号化あるいは電子署名では，秘密鍵を守ることと同時に通信相手の公開鍵の本人確認が重要です。手渡しなど直接交換された公開鍵による通信では「なりすまし」を防止できますが，ネットワーク経由で入手した公開鍵を用いる場合には完全に「なりすまし」を防ぐことができません。そこで自分の公開鍵は，送受信者共通の友人や身元保証を請け負う会社（認証機関）などに認証してもらうことによって信頼性を高めることができます。公開鍵を手に入れた者は，その電子署名によって本当に本人のものであるかどうかの手がかりを得ることができるようになります。

電子認証

インターネット上でのビジネス取引では，顔と顔をあわせて取引をせず，店舗も実在しない場合が多いので，いくつかの取引リスクがあります。その中で，盗聴と改ざんのリスクに対しては，暗号化技術やその応用である電子署名を用いて防御できますが，なりすましを防ぐための本人確認のためには電子認証のシステムが必要です。

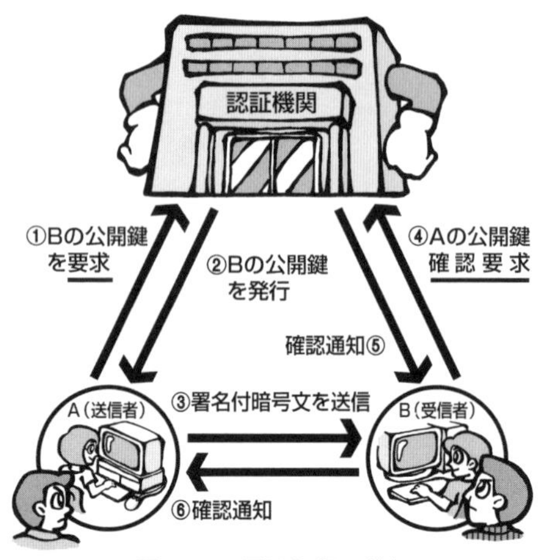

図8-9　電子認証の仕組み

インターネット上の取引においては，機密メッセージを受け取りたい人は自分の公開鍵をインターネット上に公開し，これを用いて暗号化することで安全なメッセージ配信ができます。この際に重要な役割を果たす公開鍵にまちがいがないという電子証明書を電子認証局（Certificate Authority；CA）が発行する仕組みが電子認証のシステムです（図8-9）。

電子公証

電子認証は公開鍵とその持ち主の正当性を保証しますが，ネットワーク上での契約や取引の記録に関しては，それを「誰が」「いつ」作ったのか，その「内容」は何かなどを証明できることが必要です。そのためには，電子証書として保管し，取引・契約文書の内容を信頼できる第三者的な立場で証明する仕組みが必要となります。電子認証が取引相手の存在を証明するのに対し，電子公証は取引があった事実とその内容を証明します。具体的には，電子私書証書の認証，電子確定日付の付与，情報の同一性に関する証明があります。つまり，電子公証は情報の内容の消失・改ざんに備え，情報の内容を事後的に確認し，証明するための仕組みです。

これらのシステムのセキュリティを支えるために，安全に通信する機能，盗聴・改ざん・なりすましに対抗する機能が工夫されています。

電子政府構想の推進

電子政府構想により，文書の流通や申請・届出の電子化を推進しています。電子認証で発行される電子証明書は，政府や自治体が実施している各種電子申請で利用されています。たとえば，国税電子申告・納税システム（e-Tax），地方税ポータルシステム（eLTAX）などです。そこで，日本政府が運用する公開鍵暗号による電子署名を利用するための認証基盤として，政府認証基盤（Government Public Key Infrastructure；GPKI）があります。また，都道府県知事が発行するサービスで，公的個人認証サービス（Japanese Public Key Infrastructure；JPKI）があります。この公的個人認証サービスを利用することによって，自宅や職場などのパソコンからさまざまな行政手続き等を行うことができます。

電子公証に関する法律や制度の整備が進み，電子公証サービスは，政府の総合行政ネットワーク（Local Government Wide Area Network；LGWAN）や民間のいくつかの会社からも提供されています。e-japan戦略に基づき，政府に対する電子入札，申請・届出等の手続きのオンライン化が推進されており，国土交通省，農林水産省の電子入札や，総務省の電子申請・届出等を始め，さまざまな省庁,自治体において電子証明書を採用したシステムが稼動しています。

2016年1月から始まった個人番号（マイナンバー）制度（p.30コラム参照）は行政の効率化，国民の利便性の向上，公平・公正な社会の実現のための社会基盤です。個人番号（マイナンバー）カードには電子証明書が搭載されており，行政手続きのオンライン申請，国や自治体の各種サービスに利用でき，住民票のある市区町村役場で交付を受けることができます。

1）電子署名が実際に利用されている事項を調べましょう。

■参考URL

＊　https://www.jpcert.or.jp/　JPCERTコーディネーションセンター
＊　https://www.moj.go.jp/ONLINE/CERTIFICATION/　法務省：電子認証ページ
＊　https://www.moj.go.jp/MINJI/DENSHIKOSHO/　法務省：電子公証ページ
＊　https://www.koshonin.gr.jp/　日本公証人連合会
＊　https://www.jpki.go.jp/　公的個人認証サービス

無線LAN

無線LANは，無線を利用して構築したネットワークです。現在は，パソコンだけでなく，テレビやレコーダ，ゲーム機，スマートフォンやタブレット端末にも導入され，幅広く利用されており，手軽にインターネットに接続することが可能です。ただ，無線の電波が届く所では，自分が利用している電波を他人が無断で利用することも可能です。また，自分がやりとりしている通信を他人に盗聴されたり，同じネットワーク内にあるコンピュータのファイルを他人にのぞき見られたりする可能性もあるため，セキュリティには十分注意する必要があります。

現在，無線LANで利用できるセキュリティ技術にはさまざまなものがあります。利用できる機器を制限するMACアドレスフィルタリングは機器に割り振られたMACアドレスを利用しますが，偽装ができるため効果が薄くなっています。また，通信の暗号化として広く利用されているWEPはすでに解読ソフトが出回っているため安全とはいい切れません。また，WEPを改良したWPAも同様に安全とは言えません。現在は WPA2およびWPA3が制定され，さらには設定が容易にできるWPSという仕組みも用意されています。このように安全に利用できる環境を整えておくことも大切です。

パーソナルファイアウォール

ネットワークをインターネットに接続するということは，常にインターネットからの不正なアクセスやコンピュータウイルスからの攻撃を受けることにつながります。それを防ぐ役割を行うものがファイアウォールと呼ばれ，ネットワークの内部と外部の間に設置され，ネットワーク外部から内部への攻撃を防ぐまさに防火壁（ファイアウォール）の役割を果たします。ファイアウォールはかつてサーバやルータ等の特別な機器に設定されていましたが，インターネットが一般に普及した現在，各家庭で利用されている個々のパソコンにも設置する必要が出てきました。最近のOSには標準で搭載され，セキュリティ対策ソフトにも搭載されていますので，このパーソナルファイアウォールを適切に設定し，セキュリティを高めておくことが重要です。

終章
健全な情報社会をめざして

ここでは，今まで述べてきたいろいろな問題や知見を総合的にふり返ります。

「電子メールによるダイレクトメール」では，ダイレクトメールの発信で実際に起こった一つの出来事を紹介します。「個人情報の漏えい経路」では，日常生活の中で個人情報がどのように収集されているのか，また，どのように利用されていくのかについてみていきます。

「子どものインターネット使用の問題と対策」では，ネット犯行予告などを取り上げ，その問題点を考えていきます。

「健全なネットワーク社会をめざして」では，インターネット利用の問題点に対する総合的な対策，すなわち，技術・規制・倫理の３つをバランスよく，発展・調和させていくことの重要性について述べ，その考え方や具体案を提起します。

便利な電子メールのビジネス活用

電子メールは，個人への連絡用のハガキや手紙の代わりとして，また会社や学校などの組織での事務連絡として，私たちの生活や仕事に活かされるようになっています。さらに，商店での販売や営業活動においては，商品の受発注だけでなく，ダイレクトメールとして利用されています。

ここでは，便利な電子メールの活用のうち，あるダイレクトメールの発信によって起こった一つの出来事を紹介し，電子メールを使ううえで，トラブルの加害者や被害者にならないように考えてみます。

大きな落とし穴［事例］

今回，北大路書房（この本の出版社）では，ある社会科学系の新刊書を出版するにあたって，関連分野の学会Webページから学会会員リストを作成し，電子メールを用いて案内を行いました。しかしここに，個人情報の取り扱いや，電子メールを送る場合のネチケットに関する大きな落とし穴があったのです。図9-1にそのときの案内メールを示します（実際のものと内容を一部改変しています）。

数々の問題点

図9-1の本文の内容は，専門新刊書を出版するにあたって内容の紹介を行い，注文書をつけています。メールを受け取った側は，注文書に必要事項を記入し返事をすれば注文が可能という，インターネット時代の電子発注システムといえます。出版社としては，従来の宣伝活動のように，ダイレクトメールを使ったパンフレットや発注書の郵送と比べ，いち早く新刊書を紹介できるうえに郵送コストの削減がはかれるというメリットがあります。また，消費者にとっても情報の入手と発注の手軽さがあり，今後ますます普及すると考えられます。

では，具体的にどのような問題があったのかをみていくことにしましょう。

From：(株)北大路書房　営業部　<mrskn431@mbox.kyoto-inet.or.jp>
To：abcie@fghij.ac.jp
Cc：bceig@hijkl.ac.jp,cdefg@hijkl.ac.jp,defgh@ijklm.ac.jp,efghi@jklmn.ac.jp,fghij@klmno.ac.jp,ghijk@lmnop.ac.jp,hijkl@mnopq.ac.jp,ijklm@nopqr.ac.jp,jklmn@opqrs.ac.jp,klmno@pqlst.ac.jp,lmnop@qrstu.ac.jp,mnopq@rstuv.ac.jp,…………（以下，350余名のメールアドレスが表示される）
Date：Fri, 18 Feb 2000 18：55：10 +0900
Subject：北大路書房　新刊案内
Message-Id：<38AD173828A.77EAMRSKN431@mbox.kyoto-inet.or.jp>
X-SMTP-Result：250 SAA22512 Message accepted for delivery

2000年02月18日 金曜日

●新　刊　案　内●　北大路書房◆◇◆

◆タイトル：対人行動の研究
◆著　　者：寺山　浩（○○大学教授）
◆判型・価格：Ａ５　300頁　本体4000円
◆内容紹介：

（中略）……内容の詳細と目次一覧（約120行）が掲載される

※下記の注文書にご記入の上，カット＆ペーストでメールに貼り付けて小社へ送信ください。（ご注文専用アドレス：mrskn431@mbox.kyoto-inet.or.jp）

＜注文書＞
ご芳名　　　ＴＥＬ　（　　）
ご住所
書名　対人行動の研究　　定価（本体4000円＋税）
発行所　北大路書房

◆◇
(株)北大路書房　営業部
ＴＥＬ　075-431-0361　　ＦＡＸ　075-431-9393
〒603-8303　京都市北区紫野十二坊町12-8
e-MAIL　mrskn431@mbox.kyoto-inet.or.jp
◆◇

図９-１　新刊案内の電子メール

(1) 問題点 1 （350余名の宛名）

図 9-1 の電子メールのヘッダ部分を確認してみましょう。Cc（同報）のメールアドレスが数多く記載されています。電子メールのソフトによって表示の状態は異なりますが，次のようなことが問題となります。

実は本文は約150行でしたが，その前の部分に350余名のメールアドレスが連記されてしまったのです。多くのメールソフトの画面は20～30行を表示する程度ですが，この電子メールでは，本文の内容よりはるかに多い，他人のメールアドレスを最初に見ることになるのです（メールアドレスを表示した場合）。

ここでもし，この電子メールから発注のための返事をうっかりCcの内容を残した状態で行うと，発信元のFromとCcのすべてのメールアドレス宛に，注文書記載の住所や電話番号などの個人情報が送られてしまうことになります。同様に，本の内容に関する質問や苦情を，Reply-Toと呼ぶ機能でCcを残したまま返信すると，350余名にとって不必要な電子メールを送ることになります。

適切な方法として，宛先の設定にBccを用いた同報送信を行うのも一つの方法だったといえます。この場合，案内したい学会会員リストの個人メールアドレス情報は漏れることはありません。ただし，このメールを受け取った人は，どのような方法によって自分の電子メール宛に案内が来たのかがわかりません。ここでは，宛先にBccを用いていることと，どこからメールアドレスを入手したかの説明が必要です。Toがないと送信できないメールソフトの場合には，便宜的に自社の発信者のアドレスを入れておくのがよいでしょう。ただし，Fromとは違う宛名がよいでしょう。返信機能を使って発注書が届いた場合，一方を受注専用としておけば，2 通の注文の電子メールを受けても二重発注のまちがいをさけることができます。

また，電子メール用のソフトウェアには，メールアドレスをグループ化し，そこに登録した個々の宛先（To）に単独メールを送ることができるものがあります。Bccのヘッダも用いません。これを用いると出版社と相手先との間だけに対するメールとなり，一括の同報通信と比べ印象もよいでしょう。この場合，電子メールの返信機能Reply-Toを用いたときでも，本来の送り主であるFromに記述された先へ返事が届きます。

(2) 問題点２（メールアドレスも個人情報）

今回，Ccに多くのメールアドレスが表示されたことが問題になりました。メールアドレスはユーザアカウントとドメイン名（組織情報）で構成され，個人情報としての意味を持っています。さらに，メールアドレスとなる学会会員リストは，学会で公開されている会員情報から出版社が独自に編集したものです。出版社からのメールには，それが記載されておらず，お互い知らない人のアドレスを入手したことになります。逆にいえば，その中の自分以外の見知らぬ350余名にメールアドレスを紹介されたことと等しいことにもなります。

このアドレスリストの使用については，学会の了承や確認が必要です。公開されている個人情報の目的や基準，会員がダイレクトメールを受けることも了承しているのかという問題があるためです。デジタル情報の加工の容易さから，本人には不本意な名簿の作成や名簿の売買が問題となっています。

(3) 問題点３（電子メールが適切か）

新刊書の紹介はある程度詳細に伝えることが必要ですが，文章がほとんどの電子メールの場合，あまり長い文章は好ましくありません。印刷物の案内では，全体を眺めて興味のあるところを中心に内容を理解していくことが可能ですが，電子メールでは，内容を画面のスクロールによって見ていく必要があるからです。電子メールによる今回の案内が適切であったかは，はなはだ疑問でしょう。

最善の方法は

一番望ましい方法は，書籍の主要な項目（ここでは，タイトル，著者，判型・価格，内容紹介）をテキスト文章で案内し，目次を含む詳細はWebページを設定してそのURLを紹介することにとどめます。案内メールを受け取った人は，興味があれば自分の都合のよいときにWebページを見ることになります。Webページではビジュアルな表現も可能です。また，既刊書籍や関連書籍，他の新刊書籍の紹介も見てもらうことができます。

インターネットを活用した営業活動や，利用者の利便をはかった電子メールやメーリングリスト運用システム，情報のネット配信システムなどを用いた情報流通は，今後ますますさかんになっていくことでしょう。今回のような失敗例を参考にし，よりよい文化を築くことが大切です。

9.2 個人情報の漏えい経路

相次ぐ個人情報の流出

毎年，大規模な個人情報の漏えいが発生してニュースに取り上げられています。こうしたニュースを聞くたびに，私たち一般市民は常に被害者であるかのようですが，本当にそうでしょうか。知らないうちに加害者になってはいないでしょうか。

> 「○○さんの携帯電話の番号，教えてほしいんだけど，知ってる？」
> 「知ってるよ。＊＊＊－＊＊＊＊－＊＊＊＊だよ。」

なにげなく交わされるこんな個人情報のやりとりが，最終的にストーカー行為に発展した事例もあります。

他人の個人情報を第三者に提供する

新年早々，こんな折り込み広告がありました（図9-2）。

筆者の家に届いた200枚ほどの年賀ハガキを調べてみると，2割引が12枚。3割引が6枚。5割引が2枚当たっていました。この店には2割引，3割引，時には7割引にしてもつり合う，またはそれ以上の見返りがあるはずです。いったいこの店に持ち込まれた年賀状は，どのように扱われるのでしょうか。

店に持ち込まれた年賀状は両面ともコピーが取られ，年賀状自体はその場で返却されます。また繰り返し使われないようになんらかのマークも記されます。その店は年賀状からまず住所情報を入手しました。当然，その店はダイレクトメールの宛先としてその情報を活用するでしょう。

さらに最近の年賀状には子どもの写真を印刷し「今年5歳になります」「今春，小学校入学です」などと書かれているものも少なくありません。この店は，どの家庭に何歳の子どもがいるという情報も手に入れます。使い道はたくさんありそうです。

お年玉付き年賀はがきの番号で 最大7割引！！

今すぐご確認ください！

新年明けましておめでとうございます．

当店では，ご来店の際にお年玉付き年賀はがきをご持参いただくと，その番号により当店の商品を通常小売価格の 2 割から最大7割まで割引かせていただくキャンペーンを実施中です．ぜひご利用ください．

当選番号

2割引	下2桁	38	66	65	14	87
3割引	下2桁	47	41	17	23	93
4割引	下3桁	507	174	123	734	766
5割引	下3桁	745	702	689	129	141
6割引	下4桁	7436	4202	4035	4907	8861
7割引	下4桁	9907	3197	2504	9767	8164

なお，未使用の年賀はがきは無効です。

○○商会

図9-2　年賀状を利用した個人情報の収集

それでも一地方の小売店が入手できる情報量はそれほどのものではないかもしれません。しかし，その店が全国展開しているチェーン店であったり，その店が入手した情報を一括して買い取る業者があったりした場合，あなたの知り合いの個人情報の一人歩きはもう避けられません。

一人歩きを始めた個人情報は，ほとんどの場合，消えることなく利用されます。今年小学校に入学した子どもに来たダイレクトメールは，中学校入学や高校入学などの節目にも，それにあった案内を届けるでしょう。中には不幸にして事故や病気で命を落とす子どももいます。そんなことにもおかまいなしに案内は届きます。1か所や2か所に個人情報の訂正を求めても無意味です。その情報は無限に散逸しています。その子どもの年齢は，情報社会の中では止まることなく成長し，節目ごとに案内が送りつけられます。

あなたが欲しい商品を安く手に入れる対価として，無造作に他人に提供した知り合いの個人情報は，このように情報社会で生き続けるのです。

他人の個人情報は，本人の了解なしに他者に漏らすことは絶対してはならないのはもちろんですが，情報社会は実に巧妙に個人情報を手に入れようとします。気づかないうちに犯罪の片棒を担いでいたり，気づかないうちに知り合いを窮地に追い込んでいたりしかねません。お互いに十分に気をつけたいものです。

自分の個人情報をばらまく

あなたが自分自身の個人情報を漏らしていることもあります。アンケートサ

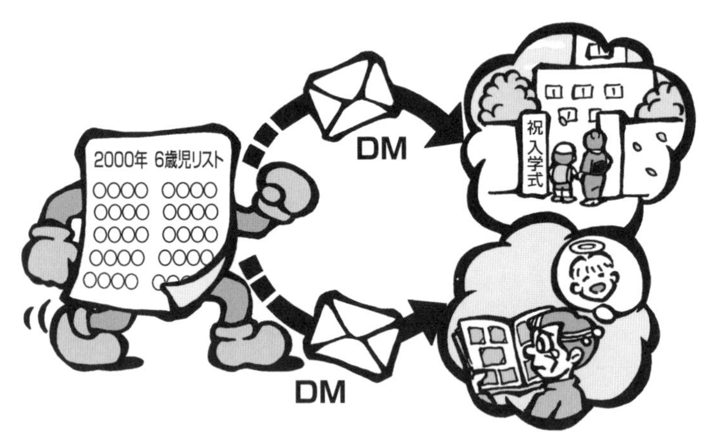

イトなどに無造作に住所や電話番号を回答することは避けるべきです。ところで，試しにこんな実験をしてみました。あるアンケートサイトで回答をしたときに，その回答がどのように伝播するかという実験です。

筆者は中古車販売業者の査定のページで自分の中古車の情報を正しく入力し，尋ねられる項目のほとんどに正しい回答を入力しました。ただ住所の欄だけは，本当の住所「○○市××町△丁目◇番地」に「A」の文字を添えて「○○市××町△丁目◇番地A」のように回答しました。

その中古車の査定の会社からはメールで概算の査定金額が届きました。詳しい査定をしたいので一度訪問したいと電話も入りました。ここまでは私が入力した情報を使ってその会社の業務が行われているわけですから，なんの問題もないでしょう。問題はそのあとです。

約２週間後，その中古車査定をした会社とはまったく関係がないと思われる保険会社からダイレクトメールが届きました。住所は「○○市××町△丁目◇番地A」。この程度のまちがいがあっても郵便物は届きます。「A」を付けた住所は中古車査定の際に初めて使い，以後まったく使っていません。このことから，中古車査定会社に登録した住所が保険会社に横流しされていることは明白です。その後，約半年の間に「A」を付した住所で２通のダイレクトメールがパソコンショップや旅行代理店から届きました。いずれも同じ会社ではありません。１つの会社に回答した情報が，多くの会社に共有されている現実をかいまみました。

一度公開された個人情報は，たとえそれが虚偽の情報であれ，真の情報との不整合が起きて大きな障害とならない限り，情報社会に生き続けます。最初に述べたような悪意あるユーザが起こす事件や管理者の不注意による事件以外にも，一般市民が個人情報漏えいの加害者となる可能性はいくらでもあります。むしろ罪の意識なく行われるそうした行為のほうが問題なのかもしれません。

9.3 子どものインターネット使用の問題と対策

子どものインターネット使用による問題

子どものインターネット使用によって，さまざまな事件が起こって社会問題となっています。第３章で扱ったネット依存や第５章で扱ったネットいじめの他にも，匿名の電子掲示板やSNSに書き込まれることが多いネット犯行予告，SNSでの書き込みや写真投稿を発端にしたさまざまな事件があります。子どもは，コミュニケーション能力，人間関係を理解する力，相手の言動や将来に起こることを予想して適切に行動する力が，まだ成長の途上にあります。そのため，子どもがパソコンや携帯電話などを使ってインターネットを使用すると，大人とは異なる大きな問題を生じさせることがあります。近年の問題の特徴として，子どもが被害者となるだけでなく，ネットいじめやネット犯行予告のように，子どもが加害者になる事件が増えていることをあげることができます。

ネット犯行予告

電話や郵便を使った犯行予告は以前からありましたが，インターネットが普及してからは，電子掲示板などを使ったネット犯行予告が増えています。電話や郵便による犯行予告は年齢による件数の差がほとんどありませんが，インターネットを使ったものは子どもや20歳代前半の若者に集中しています。また，ネット犯行予告は模倣犯が多いのも特徴の一つです。2008年６月，ネット犯行予告のあと，秋葉原の歩行者天国で無差別殺人を実行した事件がありました。その直後，この事件を模倣したネット犯行予告が急増しました。

犯行予告は，実際に犯行をするつもりはなくても，特定の人に対するものなら脅迫，不特定の人に対するものなら業務妨害となり得る違法行為です。インターネット上に匿名で行った犯行予告であっても，警察が調査をすれば書き込んだ人を探し出すことができます。ネット犯行予告は，多くの人に多大な迷惑をかける悪質な行為であると同時に，自分自身が犯罪者となってしまう行為であることを理解しなければなりません。

子どもの携帯電話使用を制限する取り組み

子どものインターネット使用によって生じる問題を，子どもがインターネットにアクセスするために使うことが最も多い携帯電話（スマートフォンを含む）の使用を制限することによって解決しようとする取り組みがあります。

石川県野々市市では，小中学生に携帯電話を持たせない運動「プロジェクトＫ」に取り組んでいます*[1]。小中学生の携帯電話所持率は全国的に上昇していますが，野々市市では下降しています。それに合わせて，中学生の不良行為が減ったとの報告があります。石川県でも，原則として「携帯電話端末等を持たせないよう努めるものとする」と記された「いしかわ子ども総合条例*[2]」が2010年１月から施行されています。その他にも，新潟県妙高市は，小中学生に携帯電話を原則所持させないよう提言した「ケータイと妙高っ子」をまとめています。また，ユニークなものとして，岐阜県池田町立池田中学校の生徒会活動がありました*[3]。生徒会役員が中心となって，全校生徒に対する携帯電話に関する利用調査をしたり講演会を開いたりして学習し，2009年，その結果をまとめて「携帯電話は中学校生活に必要ありません」との結論を導きました。

国際的にも，2024年に，米国のフロリダ州やニューヨーク州，オーストラリアなどで，子どものSNS利用を規制する法案が成立しています。

このように，インターネットを使用するための携帯端末の使用を制限する取り組みは少しずつ広がりを見せています。その一方で，子どもにとっても情報社会における情報通信機器の使用は重要だから，使用制限をするのではなく，教育によって問題を解決すべきだと主張する人たちも多くいます。指導の考え方や方針が複数あっては，十分な教育効果を期待することはできませんから，子どもによるインターネット使用の是非について，今こそ真剣に議論する必要があります。そして，この議論をする際に，避けることのできない問題が２つあります。インターネットにおける匿名性の問題と，携帯電話などのインターネット携帯端末の個人性の問題です。

匿名性の問題

ネットいじめやネット犯行予告のような事件が起きる背景の一つとして，インターネットにおける匿名性をあげることができます。インターネットの普及以降，公衆便所の落書きが減り，その代わりにネットでの無責任な書き込みや誹謗中傷などが増えたという指摘があります。公衆便所の落書きにも匿名性があり，無責任で下品なことが書かれる原因の一つです。しかし，インターネットでの「落書き」は，はるかに多くの人の目にふれ，それに同調した「落書き」が次々に付け加えられていきます。インターネットにおける匿名性は，その使い方をまちがえると，非常に大きな問題に拡大するといえるでしょう。

個人性の問題

情報メディアを個人（一人）で使用する度合いを個人性といいます*4。一人の判断で情報を発信したり受信したりする機会が多いほど，個人性が高い情報メディアです。子どもの携帯電話使用には，パソコンでインターネットを利用すること以上に大きな問題があります。パソコンは，パソコンを居間に置く，家族といっしょに使う，アクセスログを残すなどの方法で，保護者が監督する機会を増やして個人性を下げることができますが，携帯電話はこれらのことが非常にむずかしいからです。

子どもの社会性と責任能力

子どもに情報モラル教育をすれば，子どもは一人でインターネットや携帯電話を使えるようになるでしょうか。一人で使うということは，何かの判断が必要になったときに一人で考えて操作することを意味します。

子どもは，人間関係を理解したりその場に適した言動をしたりする力（社会性）が，まだ十分に発達していません。社会性は，現実における人との関わりを通じて，年齢とともに身に付けていく力です。

また，子どもは，持つことができる法的責任能力も十分にありません。図9-3は，日本の刑法，民法，少年法などを参考にして，成人の責任能力を1として，未成年者の法的責任能力を示したグラフです*4（詳細な表示が困難な部分を点線で表示）。小中学生の年齢では法的責任能力がほとんど認められていないこと，そのときの損害賠償責任は保護者にあるとされることを読み取ることができます。

子どもが携帯電話などの個人性の高い情報メディアを使った場合，子どもがしていることを保護者が把握することは困難です。そのため，子どもの操作中

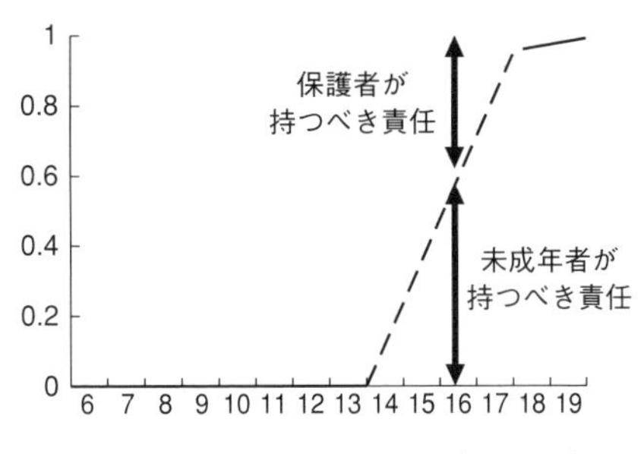

図９-３　未成年者の法的責任能力*4

に，トラブルが生じないように保護者がアドバイスしたり，操作を止めたりすることが非常にむずかしいのです。責任能力が未熟な子どもに携帯電話を使わせると，保護者が子どもの行為を把握して，それに責任を持つ必要があるにもかかわらず，子どもの行為を監督しがたいという問題が生じます。このように，子どもは社会性と法的責任能力の発達の途上にあるわけですから，子どもには，たとえどんなに情報モラル指導をしても，それを完全に理解させて，一人でインターネットや携帯電話を使わせるわけにはいきません。

つまり，インターネットにおける匿名性を理解し，個人性の高い情報メディアを一人で使えるようになるには，情報モラルと社会性と責任能力のすべてを十分に持っておく必要があります。子どもの理解力に合わせた情報モラル教育を行いながら，何歳になったらインターネットの匿名性を理解し，社会には汚い部分や醜い部分があることを理解して，自分の責任でインターネットや携帯電話を使うことができるのかを，今後十分に議論していく必要があります。

■参考URL

＊1　http://sodateru.nono1.jp/katsudou_keitai.html　“ののいちっ子を育てる”市民会議：活動内容「携帯電話対策」

＊2　https://www.pref.ishikawa.lg.jp/kodomoseisaku/plan-jyourei/index-jyourei.html　石川県：いしかわ子ども総合条例

＊3　https://school.town.ikeda.gifu.jp/ikeda-jh/　岐阜県池田町立池田中学校

＊4　https://www.jstage.jst.go.jp/article/jjet/32/4/32_KJ00005353791/_pdf/-char/ja　村田育也・鈴木菜穂子：『携帯電話を使用するために必要な未成年者の責任能力について—未成年者が関わった出会い系サイト関連事件の新聞報道を基にして—』日本教育工学会論文誌32(4)，435-442，2009

9.4 健全なネットワーク社会をめざして

情報セキュリティを支える三本柱

これまで述べてきたように，現在のインターネット利用には以下のようなさまざまな問題がありました。

①おもに精神的な被害を受けるもの

プライバシーの侵害（1.4節），名誉毀損（1.5節），迷惑メール（6.1節），有害情報（5.4節）など。

②おもに経済的な被害を受けるもの

個人情報の漏えい（1.2節），知的財産権侵害（2.3節），各種売買トラブル（4.2，4.4節）など。

③犯罪と考えられるもの

ネット詐欺（7.3節），違法物の売買（7.4節），ネズミ講（4章コラム），コンピュータウイルス（8.3節），不正アクセス（7.2節）など。

しかし，これらの問題の多くは，いわゆる情報セキュリティを強化することにより緩和される可能性があります。この情報セキュリティは，かつては技術的側面のみで語られることもありましたが，今日では次の3つの立場からの強化が考えられています。

(1) 技術

第一は，伝統的な情報技術による強化です。暗号（8.5節）・電子透かし（8.6節）・電子認証（8.7節）といった情報通信技術や，部分ネットワークや個々のパソコンを外部から保護するファイアウォール（8章コラム），有害情報をカットするフィルタリングソフト（5.4節，5章コラム）などの各種情報技術の発展が期待されます。

アクセス管理そのものも，現状ではセキュリティが甘いわりには面倒なIDとパスワード（8.1節）という原始的なものですが，指紋，声紋，網膜，虹彩パターンなど，本人しか持っていない特徴を利用して本人かどうかを確認するバイオメトリクス（生体認証）技術（8.2節）が研究されており，これが実現すれば不正アクセスやパスワードの貸し借り問題などの多くが解決すると予想されます。

(2) 規制

第二には，法制度の整備や行政による基準設定など，公権力による規制があります。今日では電子計算機損壊等業務妨害罪など，刑法典上にもさまざまなハイテク犯罪の規定が設けられ（刑法232条の２，1987年），「不正アクセス行為の禁止等に関する法律（1999年）」や，一定の範囲でプロバイダに義務を課す，いわゆる「情報流通プラットフォーム対処法（2024年）」（７章コラム）などの特別法も作られました。また，個人情報に関しては，いわゆる「個人情報保護法（2003年）」（1.3節）や各自治体の定める個人情報保護条例があるほか，さまざまな法整備がなされています。

また，法制度の整備だけではなく，たとえば，警視庁や県警が「ハイテク犯罪対策センター」を開設し，ネット上の違法情報を監視する「サイバーパトロール」を実施するなどして，違法・有害サイトなどの摘発に努めています。

(3) 倫理

しかしこうした規制は，インターネットの匿名性，無痕跡性，ボーダレス性といった性質から，現実社会に対する規制ほど効果がないという見方もあり，結局は第三の途である個人の自覚・自律を高めるための情報倫理，ルールやモラル，ネチケットといった情報教育に大きな期待が寄せられています。

ネットワーク上の市民（シティズン）を縮めて，ネティズンという言葉が使われることがあります。それはネットワーク社会において，私たちはまさに近代社会がその理念とした合理的個人，理性的人間であらねばならないということを意味しています。そうした個人を育成するために，警察をはじめとする行政の広報活動*1や，民間による啓発活動*2もなされています。

そもそも，情報システム以前の人間の問題を忘れてはならないのです。たとえば，情報流出問題の原因の一つにソーシャル・エンジニアリング（ソーシャル・クラッキング）の問題があります。どれほど先端の技術で武装し，ネットワーク上の情報を監視していても，機密文書や住所録を表示するディスプレイが本人以外から簡単にのぞき見できたり，そうした情報を印刷するプリンタに誰でもが近づけたり，ましてやそのミスプリントが駅のごみ箱に捨ててあったりしたらどうなるでしょう。アルバイトの求人に対して携帯電話をかけ，街中で大きな声で自分の住所・氏名やメールアドレスを言って，まわりで聞いている人にあとでいたずらされたらどうするのでしょう？

さらに，プロバイダ会社の者だと称する人からの電話に自分のパスワードを平気で伝える人もいるそうですが，通常は，プロバイダは本人にパスワードを聞くことはありませんし，そもそもその人がそのプロバイダの社員かどうかをどのように確認するのでしょう。

また，学校では情報関連センターのシステム管理者，企業ではシステム管理者や上司を装ったケースがあります。プロバイダや会社の人間だからといって簡単に信頼できるのでしょうか？

現に，電話会社の社員が顧客の個人情報を持ち出して売りさばいた例もあるのです。これらは，技術では解決不能な問題であり，情報倫理の必要性が叫ばれる所以です。

技術のみに依存した場合の問題点

ところで，私たちは，先に述べた情報セキュリティ対策三本柱のどれか一つに偏って依存してはなりません。まず，技術のみに依存した場合を考えてみましょう。

どんな操作ミスも，悪意の操作もはねつける技術対策がなされればいいのだとする考え方は，拙速な技術の採用を生み出しがちです。そうした拙速な技術はたいていの場合，私たちにとっては概念や操作がむずかしく，インターネットの利便性を低下させると同時に，それについていけない人を増加させる可能性があります。そもそも，チェーンメール（6章コラム）などの迷惑メールを例に考えてみても明らかなように，技術だけで健全なネットワーク社会を形成するというのは少なくとも現時点では不可能です。

規制のみに依存した場合の問題点

規制のみに依存する場合はどうでしょうか。たとえば，ドイツのように「マルチメディア法（1997年）」にインターネット上の表現行為への規制がうまく盛り込まれた国もありますが，米国では18歳未満の未成年者に対して下品な表現や不快な表現を送信することを禁じた「通信品位保持法（1996年）」ですら，表現の自由を過度に規制するとして連邦最高裁で違憲判決を受けました（1997年）。問題をなくそうとしてあまりに規制を強くすると，本来保障されるべき自由や権利まで規制の範囲に入ってしまうおそれがあり，ネットワーク社会の健全な発展を逆に阻害してしまうことにもなりかねません。

また，Webページなど，サーバのコンテンツの管理責任をプロバイダに過度に負わせるのは，プロバイダを過敏にし，問題のないコンテンツや政府に都合の悪いコンテンツを削除させるという結果を生み出して，自由闊達なインターネットの活力を奪うのではないかと懸念されます。さらに，官民の監視もあまり強くなると，暮らしにくい窮屈なネットワーク社会になりそうです。

倫理のみに依存した場合の問題点

倫理のみに依存するのも危険です。最初から倫理を身につけた人間はいません。たとえインターネットを利用する前に学校で話だけを聞いたとしても，自動車に乗らないで運転の本を読んだようなものです。現実のインターネットは応用問題の宝庫なのです。

米国における子どもの権利理論に，権利の「道具理論」という考え方があります。これは，子どもは大人と同じように権利を持つわけではないが，現実社会への対応力を育成するためには，大人に準じたような各種の権利や自由（表現の自由など）を「道具」として，試行錯誤しながら行使することが必要だとするものです。

こうした考えは情報倫理にも援用できると思います。学校などでの限定された設備の中での利用などの特殊な場合を除き，インターネットには情報弱者である初心者だけを集めた部分ネットワークや情報強者である熟練者だけが使える部分ネットワークがあるわけではありません。それゆえ熟練者は初心者といっしょのネットワーク社会の中で次世代を育て，健全なネットワーク社会を形成していくという，まさにネティズンとしての社会的責任があります。これも一種の情報倫理なのであり，未成熟なゆえに非常識なふるまいをした者を罵倒して萎縮させ，インターネットやコンピュータの世界から遠ざけてしまうことは避けねばなりません。

たとえば，初心者がはじめてメーリングリスト（6.2節）に参加し，いわゆるHTMLメールを流したとしましょう。インターネットに慣れた人がそれをばかにして非難することは簡単です。しかし，そのことによりその初心者は萎縮してしまったり，臆病になってしまったりして，ネットワーク社会から退いてしまうかもしれません。そのように倫理がルール化し，それが絶対基準になってしまうことは，むしろ法規制とは異なるところに意義のある倫理規範の自滅行為であるとも考えられます。その意味でいわゆるネチケット（6.1節）をルールととらえるか，倫理規範ととらえるかには，実は微妙な問題があります。

総合的な対策の必要性

健全なネットワーク社会を支える三本柱の情報セキュリティは，利便性の低下を最小限に抑えながらも，できることから対策を施していくという地道な作業の繰り返しによって維持されています。すなわち，私たちには技術・規制・倫理の３つの力のいずれかのみに頼らず，それらの知識をバランスよく身につけると同時に，実際の問題に対してはそれらの知識を用いて総合的な判断をすることが求められているのです。こうしてネットワーク社会で獲得したメディアリテラシー（0.3節）や情報リテラシー（0.3節，序章コラム）を通じて育成された私たちの力は，「生きる力」の一部となり，流動的な高度情報化社会の中において，精神的・物質的に豊かな現実社会を築く原動力となるとも考えられます。

私たちはネットワーク社会においても，現実社会と同様，最終的には自らの自律と責任において行動していかねばなりません。そして，そうした行動の前提には，以上のような技術・規制・倫理の三本柱のそれぞれが，それぞれの特性を活かし，インターネットの利点をそこなうことなくバランスよく調和・発展していくことが必要とされるのです（図９-４）。

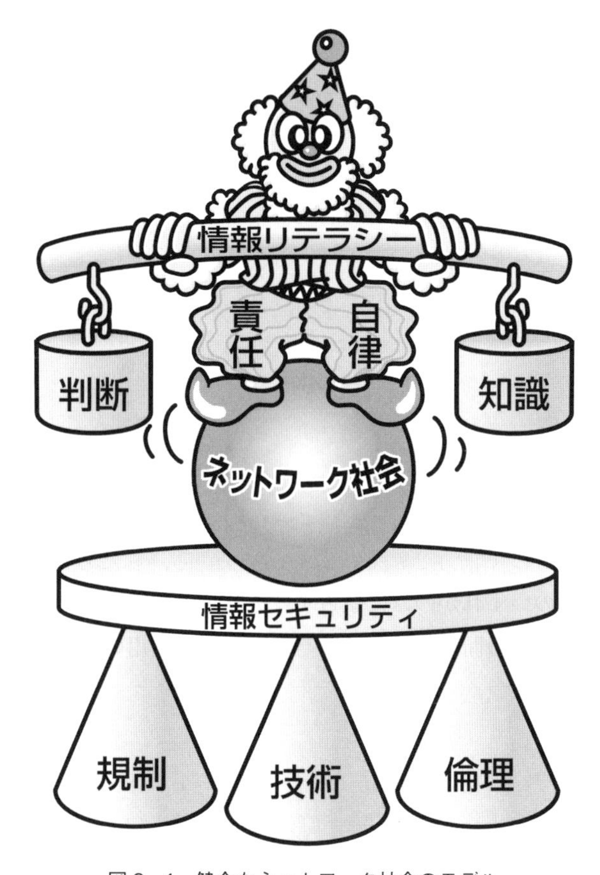

図 9-4　健全なネットワーク社会のモデル

■参考URL

＊1　https://www.npa.go.jp/bureau/cyber/　警察庁：サイバー警察局
＊2　https://www.janl.net/　日本情報倫理協会

図9-4「健全なネットワーク社会のモデル」について

図に描かれた「ピエロ」は，私たち個人を表しています。そして「ネットワーク社会」が球で表されているのは，インターネットやスマートフォンの発達したネットワーク社会が必ずしも安全で確固たるものではないことを示しています。私たちはこの図のピエロのようにうまくバランスをとってこのネットワーク社会を利用し，前進していかなければなりません。さもなければすべり落ちてけがをします。被害を受けたり，他人に被害を与えてしまったりすることにもなりかねないということです。図の棒はそうならないためにうまくバランスをとるための道具です。本当の曲芸師もこれを持って綱渡りをします。

ネットワーク社会におけるこのバランス棒は，私たちが身につけるべき「情報リテラシー」です。まず，ネットワーク，コンピュータ，スマートフォンなどにはどのような活用法や弱点があるのか，それらの「知識」が情報リテラシーの一つのおもりとなります。もう一つのおもりは，さまざまな情報の真偽や重要性を見きわめながら，自分の行動を決定していくという「判断」です。

しかし重いバランス棒を持ったピエロは，脚が強くなければ球からすべり落ちてしまいます。この脚の強さが，ネットワーク社会における個人の「自律」心と「責任」感です。たとえば，私たちはネットの中に住んでいるわけではありません。ネットもまた，家族，学校，職場などと同じく，リアルワールドの一部分であることを理解し，行動する自律性が必要でしょうし，ネットでもリアルワールドと同じように，責任ある行動をとることが必要でしょう。

もちろん個人だけでなく社会のほうも努力しなければなりません。球は傾いた地面の上では転がってしまいます。そこでこの球（ネットワーク社会）を安定させるための水平な地盤（情報セキュリティ）を作り出すのが「技術」「規制」「倫理」です。まず，被害者を出さない技術が大切ですが，技術にも限界があり，また使い方で善にも悪にもなるという本質も含まれています。そこで，法律などで加害者を罰することで被害を食い止めようとする「規制」が支えます。しかし，行動を決定するのは最終的には何が私たちの幸福なのか，という「倫理」です。この三者は相互に協力し，補い合いながら，地盤を水平に保ち，ネットワーク社会があらぬ方向に転がらないようにしているのです。

索　引

【カ行】

【ナ行】

【ハ行】

あとがき

インターネットは，1993年に商用利用が始まりました。メディアは世帯普及率が10%を超えると，急速に普及するといわれますが，インターネットは数年でこれを超えました。そして，携帯電話でインターネットを利用することができるようになり，現在では，スマートフォンでのコミュニケーションも定着しました。一方で，スマートフォンやSNSの普及により，新たな問題も増えてきています。

また，偽情報や誤情報，フィルターバブルやエコーチェンバーという問題もあります。インターネットの普及や携帯情報端末の変化があまりにも急速であるがゆえ，インターネットは，私たち生活者の理解が追いつきにくいメディアの一つであるかもしれません。

私たちにはこのように便利である反面，問題も指摘されているインターネットをうまく活用し，インターネット社会を生きていくことが求められています。表紙のイラストは，私たちが学んだ「情報リテラシー」「ICTリテラシー」「メディアリテラシー」の知識，そして，それによって育成された判断力で，急速に変化するインターネット社会という「球」のバランスをとりながら操り，21世紀の新しい社会に向かっていくようすを示しています。

本書が，21世紀の新しい社会で少しでも皆様方のお役に立ち，インターネット社会での「生きる力」を養う一助となればと，執筆者一同，心より願っております。

最後に，故　中條道雄先生におかれましては，代表を務められた科研費研究を緒にした研究プロジェクトによりこの書籍を執筆するに至りました。長年にわたり，編集および執筆にご尽力されたことに敬意を表します。

執筆者一同

■執筆者一覧

情報教育学研究会（IEC）・情報倫理教育研究グループ（★印　編集委員）

阿濱志保里（あはましほり）	広島修道大学経済科学部
★阿濱　茂樹（あはましげき）	山口大学教育学部
★河野　　稔（かわのみのる）	兵庫大学教育学部
★下倉　雅行（しもくらまさゆき）	太成学院大学経営学部
★高橋　参吉（たかはしさんきち）	特定非営利活動法人　学習開発研究所
田中規久雄（たなかきくお）	元 大阪大学大学院法学研究科
★西野　和典（にしのかずのり）	太成学院大学経営学部
西本　実苗（にしもとみなえ）	神戸女子大学心理学部
野口紳一郎（のぐちしんいちろう）	元 龍谷大学理工学部
野部　　緑（のべみどり）	大阪府公立学校
広田　高雄（ひろたたかお）	大阪芸術大学教養学部非常勤講師
★村田　育也（むらたいくや）	大阪産業大学経営学部
森際　孝司（もりぎわたかし）	京都光華女子大学短期大学部
山上　通惠（やまがみみちよし）	お茶の水女子大学附属高等学校
米田　謙三（よねだけんぞう）	早稲田大阪高等学校

執筆担当分担

阿濱（志）（2.1〜2.5，２章コラム），
阿濱（茂）（1.1〜1.5，１章コラム，5.2，５章コラム，8.1，8.2），
河野（5.4，6.4，6.6，６章コラム，7.1〜7.5，７章コラム），
下倉（8.1〜8.7，８章コラム），高橋（はしがき，章扉），
田中（1.1，１章コラム，7.1），西野（0.1〜0.4，序章コラム，5.1），
西本（3.1〜3.3），野口（３章コラム，9.1），野部（４章コラム），広田（1.5），
村田（0.3，3.4〜3.7，4.1〜4.5，5.3，9.3），森際（6.1〜6.3，6.5），
山上（6.5，9.2），米田（0.3，5.4，5.5）

インターネットの光と影 Ver.7

—健全な情報社会をめざした情報倫理入門—

2000年9月25日　初版第1刷発行
2002年4月15日　初版第4刷発行
2003年3月25日　Ver. 2 第1刷発行
2005年5月10日　Ver. 2 第4刷発行
2006年2月10日　Ver. 3 第1刷発行
2008年9月20日　Ver. 3 第4刷発行
2010年1月20日　Ver. 4 第1刷発行
2013年2月15日　Ver. 4 第4刷発行
2014年2月10日　Ver. 5 第1刷発行
2016年2月20日　Ver. 5 第2刷発行
2018年2月20日　Ver. 6 第1刷発行
2023年3月20日　Ver. 6 第6刷発行
2025年2月20日　Ver. 7 第1刷発行

編　者　情報教育学研究会（IEC）
情報倫理教育研究グループ

発行所　㈱北大路書房
〒603-8303　京都市北区紫野十二坊町12-8
電話代表　(075) 431-0361
F A X　(075) 431-9393
振替口座　01050-4-2083

Printed in Japan
ISBN978-4-7628-3279-6

組版／華洲屋（kazu-ya）
装丁／上瀬奈緒子（綴水社）
印刷・製本／創栄図書印刷㈱